兰涛 著

赢在责任心
胜在自控力

中国华侨出版社

图书在版编目(CIP)数据

赢在责任心，胜在自控力 / 兰涛著.—北京：中国华侨出版社,2013.12（2021.4重印）

ISBN 978-7-5113-4365-9

Ⅰ.①赢… Ⅱ.①兰… Ⅲ.①个人–修养–通俗读物 Ⅳ.①B825-49

中国版本图书馆 CIP 数据核字（2014）第 004899 号

赢在责任心，胜在自控力

著　　者 /	兰　涛
责任编辑 /	文　筝
责任校对 /	王京燕
经　　销 /	新华书店
开　　本 /	787毫米×1092毫米　1/16　印张/16　字数/243千字
印　　刷 /	三河市嵩川印刷有限公司
版　　次 /	2014年3第1版　2021年4月第2次印刷
书　　号 /	ISBN 978-7-5113-4365-9
定　　价 /	45.00元

中国华侨出版社　北京市朝阳区静安里26号通成达大厦3层　邮编：100028
法律顾问：陈鹰律师事务所
编辑部：(010)64443056　　64443979
发行部：(010)64443051　　传真：(010)64439708
网　　址：www.oveaschin.com
E-mail：oveaschin@sina.com

前言
PREFACE

　　一个人如果能够把简单的事情重复做好就是不简单，它需要有良好的责任心和自控力。责任心是一个人在生活和工作中必备的素养，它是出色完成工作的基本保障。责任心出勇气、出智慧、出力量。在有责任心的人眼中，工作无小事，无借口，无拖延，总能给人意外的惊喜和成绩。更为重要的是，无论何种职业，何种职位，要想将工作做到出类拔萃，必须具备一种修养和能力——自控力。自控力是一个人的自我控制能力。它包括对自我的内心、时间、言行、习惯、情绪、心态的合理控制。自控力对一个人的生活和工作有着至关重要的影响和作用，自控力的好坏，直接关系到人生的成败。自控力强的人能更好地控制自己的情绪和行为，更好地应对压力、解决冲突、战胜逆境。

　　责任心和自控力二者缺一不可。当一个人强大的责任心和良好的自控力完美合一时，内心就能拥有强大的能量，从而爆发无限的能力，成为职场中的常胜将军也指日可待。

　　成功往往垂青那些富有责任心和自控力的人。没有责任心的人总会和机遇擦身而过，没有自控力的人往往坚持不到成功的前一秒。可见，责任心和自控力在一个人的事业中所起的影响和作用。本书视角独特，以心理剖析为基础，通过案例分析，在强调责任心和自控力对一个人工作的影响的基础上，教会读者如何增强责任感，提高自控力，在身陷焦灼、迷茫、无助的时候重新认识自己，改变自己。本书将带领读者一同去探究责任心和自控力的奥秘，收获二者的神奇力量，做一个不折不扣的负责、自控的人。

目录
CONTENTS

上篇　赢在责任心

三分能力，七分责任

你的责任心有多强？你是否习惯总是拖延任务，是否总是习惯寻找借口，是否总是抱怨自己的工作总是被人看不见？责任心强的人，在工作面前总是不折不扣地执行，在结果面前不找任何借口。责任心不是空口喊的口号，而是实实在在的行动。

第一章　责任决定未来：对工作负责就是对自己负责

对工作负责 = 对自己负责 / 003
抱怨是懦夫的行径 / 007
别再情绪低落，让自己多一点激情 / 010
责任感是完美工作的保证 / 014

第二章　责任面前要承担：
不做责任的"旁观者"

不做工作的木偶 / 018
责任的皮球 / 022
员工不作壁上观 / 026
公司就是自己的家 / 029
借口是不负责任的遮羞布 / 033
带着责任心工作，克服"鸵鸟心态" / 037
远离借口，迈近成功 / 040

第三章　责任面前要忠诚：
不忠的人不会有责任心

持一颗忠诚之心，忠诚重于能力 / 044
做忠诚员工，守公司秘密 / 047
忠诚度越低，离"圆心"越远 / 051
忠诚，员工敬业的准绳 / 054
尽职尽责，忠于职守 / 058

第四章　责任面前要结果：
真正做到对结果负责

突破1%的差距才是完美 / 062
做一个"问题终结者" / 066
罗马不是一天建成的 / 070
昨日的奖状，今日的废纸 / 073
做一颗履行职责的螺丝钉 / 077

第五章 责任面前要细节：
让责任体现在细节中

成也细节，败也细节 / 081
一步一个脚印，把责任体现在细节中 / 083
工作中没有孤零零的责任 / 087
客户的每件小事都是大事 / 091
摒弃"差不多"心态 / 095

第六章 责任面前要超越：
成为组织里最受欢迎的人

摒弃"事不关己高高挂起"的心态 / 099
不做"按钮式"员工 / 103
着眼全局，树立主人翁意识 / 106
不断进步提升价值，故步自封易遭淘汰 / 110
责任心成就优秀员工 / 113

下篇　胜在自控力
管住自己，才能赢得世界

一切优秀都源于自控力。要管人，先管己，管好自己，就赢得了一切。培养自己强大的自控力，更好地控制自己的思想、情绪和行为，在压力、困难面前游刃有余，成功地掌控自己的内心、言行、习惯，等等，就成功地掌控了自己的人生。

第七章　**内心决定结果：**
管好内心，由内而外控制自己

你并非一无所有 / 119
别让"心锁"锁住了你的心 / 123
自律让你的潜能发挥到极致 / 127
不做自己的敌人，天下就没有敌人 / 132
自信让你开启生命的无限可能 / 134
成功就是执着、专注、永不放弃 / 136

第八章　**自律决定竞争：**
管好自己，永远比别人快一步

自律，提升个人竞争力的利器 / 140
做好本职，让自己无可替代 / 143
谁快谁就赢，谁快谁生存 / 146
多一份进取心，多一份竞争力 / 148
在自律中不断蜕变成长 / 152
可以不成功，不能不成长 / 156

第九章　目标决定方向：
管好目标，预订成功人生

没有目标的人生，终会被命运抛弃 / 159
以目标为中心，制订"个人成功"计划 / 163
目标多杈树法 / 166
按照预定计划前进 / 171
选择专一的目标，全心投入 / 175

第十章　言行决定习惯：
管好言行，控制自我的言行习惯

谦虚好学，完善自己的影响力和人品 / 179
狂妄，是无知的表现 / 183
用倾听代替倾诉 / 185
用自律控制言行 / 187
说话要语言精辟，言简意赅 / 191

第十一章　时间决定命运：
管好时间，管理有限的时间

做一个时间管理高手 / 195
高效利用时间，空闲时间别浪费 / 199
管好时间，提高效率的秘密武器 / 203
关键的20% / 206
让自己的时间变为"超值时间" / 210
在对的时间做对的事 / 213
分清楚每一件事情所处的象限 / 216

第十二章 | **心态决定成败：**
管好心情，远离自设的心理陷阱

有什么样的心态，就有什么样的人生 / 221

心态对了，世界就对了 / 225

征服了情绪，就征服了世界 / 228

保持头脑冷静 / 231

不生气，要争气 / 234

越危急时，越需要冷静 / 237

耐心，是治愈浮躁的法宝 / 242

上篇

赢在责任心：
三分能力，七分责任

你的责任心有多强？你是否习惯总是拖延任务，是否总是习惯寻找借口，是否总是抱怨自己的工作总是被人看不见？责任心强的人，在工作面前总是不折不扣地执行，在结果面前不找任何借口。责任心不是空口喊的口号，而是实实在在的行动。

第一章　责任决定未来：
对工作负责就是对自己负责

> 积极、主动、敬业、负责是一个优秀员工的代名词，他们能够在工作中找到归属感，把公司的事情当成自己的事情。没有做不好的工作，只有不负责任的人。学会负责，因为对工作负责就是对自己负责。

对工作负责=对自己负责

对工作负责的人永远都不会应付工作。

在日常工作中，能力上的差异虽然会产生不同的工作效果，但那并不是主要原因。在能力方面，大家都是差不多的。然而，即便是两个能力不相上下的人，从事相同的工作，结果也经常会大相径庭。有的人做得干脆利落、尽善尽美；有的人却做得马马虎虎、不尽如人意。这是为什么呢？

因为他们的工作态度不一样，由此产生的工作结果自然大不一样。有些人没有将责任感融入到自己的工作中，没有认识到工作对自己职业生涯的影响，因此对待工作马马虎虎，抱着应付了事的心态去糊弄。如此一来，不仅会为企业带来损失，也不利于自己的发展，可谓是"损人不利己"。

实际上，糊弄工作就是在糊弄自己，对工作负责就是对自己负责。

阿诺德和布鲁诺是同一家店铺的伙计，他们拿着同样的薪水，可是，一段时间之后，阿诺德便青云直上，而布鲁诺却还是老样子。

布鲁诺一肚子的怨气，他觉得老板对自己很不公平。一天，他到老板那里发牢骚，老板一边耐心地听着他"诉苦"，一边在心里盘算着如何解释清楚他与阿诺德之间的差别。

终于，老板说话了："布鲁诺，你到集市上去一趟，看看今天早上有什么卖的东西？"

布鲁诺去了集市上，回来后向老板汇报："今早集市上只有一个农民拉了一车土豆在卖。"

老板问："有多少？"

布鲁诺又跑到集市上，回来告诉老板共有40袋土豆。

"价格是多少？"

布鲁诺叹了口气，第三次跑到集市上问来了价格。

待布鲁诺气喘吁吁地回来后，老板对他说："好了，现在你坐在椅子上别说话，看看阿诺德是怎么做的。"

老板于是吩咐阿诺德去集市上看看。阿诺德很快就回来了，他向老板汇报："到现在为止，只有一个农民在卖土豆，一共40袋，价格也问了。这些土豆的质量很不错，我带回来一个，您可以看看。这个农民一小时后还会运来几箱西红柿，价格还挺公道的。据说，昨天咱们铺子的西红柿卖得很快，库存已经不多了。我想，物美价廉的东西老板可能会进一些，所以我带了一个西红柿做样品，也把那个农民带来了，他现在就在门口等着呢！"

这时候，老板转过头对布鲁诺说："现在你该知道为什么阿诺德的薪水比你高了吧？"

对于布鲁诺来说，他仅仅满足于按照老板的吩咐去做事，他做的是最表面的事情。他没有进一步去想，老板让他去看看市场上有什么东西在卖，是想获得什么信息。老板不会无事生非，怎么可能只是为了满足一下好奇心，就让自己的员工专程跑一趟呢？结合自己公司的经营范围，老板吩咐的工作，不是去问一声市场上有土豆还是有西红柿这么简单无聊的事情，真正的工作任务是后面的环节：尽可能详细地获得对公司有用的市场信息。而布鲁诺的做法很明显是在敷衍、糊弄工作，这同时反映了他的责任心——如果有那么一丁点的话，也仅仅是停留在表面上。这样的责任心和工作态度，怎么可能得到提拔重用呢？

工作是一个人在社会上赖以生存的手段，员工需要工作养家糊口，需要给自己找一个饭碗，因为我们谁都不想食不果腹、衣不蔽体，或者接受别人的救济，这是工作最基本的功能。

然而，除此之外，工作还有一个更重要的功能，那就是实现自我的价值。马克思说过："劳动是人的第一需要。"也就是说，工作是实现自我价值的最重要的手段。作为员工，要时刻铭记：当进入一家企业的时候，自己的经济利益和更高层次的心理需求就已经和工作、企业绑在了一起，对工作负责就是对自己负责，对工作越负责，就越能做好工作，进而获得更大的利益，个人事业也就更进一步。反之，糊弄工作就是糊弄自己，不仅提升不了我们的价值，还可能打破我们赖以糊口的饭碗。

小男孩米奇在一个社区给鲍勃太太割草打工。

工作了几天后，他找了一个公用电话亭给鲍勃太太打电话："您需不需要割草工？"鲍勃太太回答说："不需要了，我已经有割草工了。"

米奇又说："我会帮您拔掉草丛中的杂草。"

"我的割草工已经做了。"鲍勃太太说。

"那么，我会帮您把草场中间的小径打理干净。"

鲍勃太太说："真的谢谢你，我请的那人也已做了，我真的不需要新的割草工人。"

挂了电话后，米奇的伙伴杰瑞非常不解地问他："真想不明白，你不就在鲍勃太太那儿割草打工吗，为什么还非要多此一举地打这样一个电话？"米奇笑了笑，回答说："我只是想知道我做得够不够好！"

在职场上，当你还在为自己工作业绩的难堪和人生境遇的窘迫长吁短叹时，要学会从责任的角度反思自己，清醒地认识到自己要以责任感对待自己所从事的工作，不要糊弄工作，努力培养自己尽职尽责的精神，多问自己："我做得够不够好？""我是不是尽到了责任？""我有没有糊弄工作？"

对工作负责，即对自己负责。对工作的态度决定了一个人在工作上所能达到的高度，而在工作上的成就很大程度上决定了一个人的人生价值和成就。一个对工作有强烈责任感的员工，就能为公司的利益和成长努力付出，进而不断提高自己的价值，实现自身的发展，在工作中崭露头角，而且比别人更容易获得加薪和晋升的机会，为自己事业的成功奠定坚实的基础。因此，无论是初入职场的青涩新人，还是历经风雨的淡定名宿，都绝不能糊弄自己的工作，要时刻对工作保持强烈的责任感，让自己切切实实地承担起责任来！

抱怨是懦夫的行径

工作中遇到的各种困难和烦恼，都是对人生的历练。

在职场中，总有一些人整天发着牢骚：

"我都来公司这么久了，一直得不到重用，老板还经常给我小鞋穿。"

"努力工作又怎样？老板根本不在意。"

"这又不是我一个人的错，凭什么扣我的奖金？"

……

这些人每天想着加薪、晋升，期望得到老板的器重，成为公司的顶梁柱。遗憾的是，他们的这种期望是毫无可能实现的，因为"抱怨"给他们的成长与晋升之路设置了障碍。而在抱怨背后，暴露的也正是他们自身最大的弱点：没有责任心！

这个世界上本来就没有完美的事物，工作也不可能都尽如人意。很多时候，问题并不是因为工作不好，而是人的心态不对。如果你总是抱怨客观环境，而不是发自内心地去重视一份工作，尽职尽责地将它做好，那势必就会感到厌烦，进而心生懈怠。

实际上，并没有什么工作值得抱怨，只有不负责的人。就算你从事的是最平凡的职业，如果你能够消除抱怨，全力以赴、尽职尽责地努力工作，那么你同样能成为一个不平庸的人。

炸薯条这种食品在17世纪的时候风靡法国，深受当时美国驻法大使托马斯·杰斐逊的喜爱，于是他就把制作方法带到美国，并在蒙蒂塞洛把炸薯条当作一道正式晚宴菜肴招待客人。

当时，美国纽约的一家餐厅提供这种正宗的法国式炸薯条，这家餐厅地处一流的度假胜地，到那里就餐的都是一些有身份的人，他们不是名流就是富豪。乔治·柯兰姆是这家餐厅里的厨师，他一直都严格按照标准的法国尺寸来制作薯条，这道菜很受客人的欢迎。

有一天，一群人到乔治所在的餐厅就餐，其中有位客人非常挑剔，他一直抱怨薯条切得太粗，影响了他的胃口，因此拒绝付账。为了让这位客人满意，乔治又重新做了一份，这次切得细了一些。可是，那位客人仍然不满意，还是抱怨薯条太粗了。

周围的服务员私下里都在抱怨那位客人不讲理，替乔治感到委屈。乔治心里自然也不高兴。不过，他是个有责任心的人，既然自己是厨师，那就要让客人吃得满意，这是他的职责所在。

于是，乔治再一次回到了厨房，这次他将马铃薯切得很细很细，细到一炸之后又酥又脆，这样的做法已经与正宗的法式炸薯条标准大相径庭了。不过，乔治心想，既然是客人要求这样做的，自己就应该满足他。

看到闪着淡黄色油光的薯条，客人非常满意。更有意思的是，其他的客人也纷纷要求乔治为他们制作这样的薯条。因为马铃薯需要手工削皮和切条，所以很考验厨师的刀工，但是乔治本着对工作负责的态度，一一满足了客人们的要求。

自此之后，这种"超细"的薯条便很快风靡了起来。后来，乔治开了一家属于自己的餐厅，并将这种薯条作为餐厅的招牌菜品，这一举措使他赚了个盆满钵满。现在，细细的薯条成了世界上销售量最大的零食，而乔治也名垂青史了。

没有一份工作值得抱怨，把该做的工作做好，这是员工的责任。一个人如果有强烈的责任心，那么即便一件事只有很小的希望，最后也能够变成现实。责任是员工强有力的工作宣言，是能够胜任工作的保障，一个人是否具备责任感，具备多强的责任感，也决定了他在工作中成就的大小、职场中地位的高低。别总觉得工作处处不如意，抱怨是推卸责任的表现。抱怨之前，员工需要扪心自问一下：自己为这份工作付出了多少？是否一直都以高度的责任感来对待？有没有投入百分之百的努力？一个真正负责任的人，永远都不会用抱怨为自己的工作作注解。

职场中的人要明确一个认识：老板雇用你来担任某一个职务，或者安排你从事某项工作，他的目的不是听你发牢骚，诉说工作中有多少麻烦和困扰，他是请你来解决问题、创造价值的。想要获得老板的肯定，实现自我的价值，首先要做的就是承担起你应负的责任，收起你的抱怨，做个敢于担当的人。一个只会抱怨、连本职工作都无法承担的人，又凭什么让老板器重你呢？

抱怨是懦夫的行径，凡是工作和生活中的勇者，都是不抱怨、敢于负责任的智者。抱怨也是愚蠢者的语言，因为抱怨根本无益于问题的解决，相反，还会转移你的注意力，使你不能集中精力考虑对策，甚至在关键时刻，还可能会延误时机，让事情变得更糟。因此，对于出现的问题应该以负责的态度积极动脑筋、想办法，去解决问题，这种做法比没有任何积极意义的抱怨要明智得多。

人生是一条荆棘密布的小路，到处都可能隐藏着陷阱，我们不知道何时何地会遭遇怎样的挫折。不过，有挫折并不可怕，关键看你如何面对。态度不同，结果就不同。负责任的人不会抱怨，只会把挫折当成一种另类的财富。那些在职场上取得瞩目成就，最终成功地实现了自己人生价值的人，无不经历了重重磨难。他们跌倒了又爬起来，屡战屡败，又屡败屡战，最终闯过艰难险阻，走向成功。

工作中遇到的各种困难和烦恼，其实都是对人生的历练。玉不琢不成器，要想在职场中褪去束缚你发展的外衣，就要经历处处不如意的痛楚，如此才能破茧成蝶，占领人生的高地。不经历风雨，怎么见彩虹？面对让你烦心的种种，你何不收起抱怨，代之以责任感、进取心呢？唯有如此，这些磨难才能助你走向成功，成为对你有用的财富。

别再情绪低落，让自己多一点激情

激情是一种能把全身的每一个细胞都调动起来的神奇力量。

人生旅途中总是沼泽遍布、荆棘丛生，追求目标的过程中总是山重水复，不见柳暗花明。在这段曲折的道路上，很多人失去了乐观和激情，让消极悲观的情绪趁机笼罩了内心，让自己生活在没有阳光的阴霾之中。

也许你正无奈地看着青春渐行渐远，感叹时光如梭、岁月老去，而自己却始终与成功无缘。但你有没有想过：是什么导致了今天的局面？你在这里为了逝去的日子感叹、懊悔，为何不拿出激情面对现实呢？或许，就在你为错过月亮而哭泣的时候，你也错过了繁星。

工作中，很多人常常是虎头蛇尾，或者是三分钟热度，开始的时候可能对工作还有点兴趣，因此他们还能付出努力，等到一段时间过去，工作热情也就没了。要知道，工作不是小孩子的糖果，想吃的时候哭着闹着要，不想吃了就随手一扔，这样的工作态度是无法取得良好业绩的。

春秋战国时期，郑国与宋国之间常有战事发生。

有一次，郑国准备出兵攻打宋国，于是宋国派出大元帅华元为主将，率军阻击。

在两军交战前夕，华元为了鼓舞士气，于是下令宰牛杀羊，好好犒赏将士们，但是由于公务繁忙，华元一时大意忘了分给他的马夫一份。

马夫于是耿耿于怀："我没有吃到肉，你也别想把仗打胜。"

于是，在两军交战时，马夫一点都提不起精神，他懒懒散散地驾驶着战车，根本不像是在战场上打仗，倒像是在集市上闲逛。后来，他甚至把战车赶到敌人郑军那里，让华元被郑国人轻轻松松地活捉了。宋国军队失去了主帅，乱了阵脚，很快被郑军打败了。

后来，这个马夫也被郑国处死。

面对工作，我们需要保持一份激情，带着这份激情上路，才能让前进的脚步轻快而坚定。生命的价值、事业的成功往往需要一颗充满激情的心。激情，可以创造奇迹。如何才能让激情的干柴堆越烧越旺，并形成燎原之势呢？责任心就是点燃激情的火种。

内心充满激情的人，总是以微笑面对生活，总是能够以饱满的热情跑在别人前面。所以，别再垂头丧气，别再情绪低落，给自己多一点鼓励，让自己多一点激情。只有这样，你才能够在遇到打击、困难的时候，义无反顾地向前走。

杰克·沃特曼退伍后，加入了职业棒球队，后来成了美国著名的棒球运动员。可惜，他的动作疲软无力，总是提不起精神，最后被球队经理开除了。

经理说："你一天到晚慢吞吞的，一点都不像在球场上混了20年多年的职业选手。离开这里，不管你去哪儿、做什么，如果你还是没有责任心，没有激情，那么你永远都不会有出路。"这句话深深地印在了杰克的心里，那是他有生以来遭受的最大打击。

杰克牢记着这句话离开了原先的棒球队，加入了亚特兰大队。之前，他的月薪是175美元，现在他的月薪降到了25美元。薪水如此少，但他告诫自己，一定要努力，做起事来不能再缺少责任心和激情。在加入球队十天以后，一位老队员介绍他到得克萨斯队。在抵达球队的第二天，杰克发誓，要做得克萨斯队最有激情的队员。

杰克真的做到了。他一上场，身上就像带了电一样。杰克强力地击出高球，让对方的双手都麻木了。当时的气温高达华氏100度，在球场上跑来跑去，很有可能中暑。但是，由于杰克的激情感染了大伙儿，队友们也都兴奋起来。杰克的状态也出奇地好，简直是超水平发挥，他不断地为球队得分。

第二天早晨，当地的报纸上说："那位新加入的球员，无疑是一个霹雳球手，全队的其他人都受了他的影响，充满了活力和激情。他们不但赢了，而且赢了本赛季最精彩的一场比赛。"杰克看到报纸，上面的报道让他非常兴奋，这更让他坚定了保持激情的决心。

由于杰克的激情和他的出色表现，他的月薪从原来的25美元一下子提高到185美元。在后来的两年里，他一直担任三垒手，薪水涨到了750美元。

有人问他："你是怎么做到这一点的？"

杰克说:"因为一种责任感产生的激情,除此之外,没有任何别的原因。"

杰克·沃特曼的人生辉煌就是用激情创造的。

激情是一种能把全身的每一个细胞都调动起来的神奇力量,它能促使人们发挥出平时不曾达到的水平,并感染团队中的每一个人,使工作变得主动而有效率。如果一个人充满激情对待工作,那么他就会认为自己所从事的工作是世界上最神圣、最崇高的职业。相反,那些没有激情的人,会逐渐厌倦自己的工作,这样的人又能有多大的成就呢?

作家拉尔夫·爱默生说:"热情像糨糊一样,可让你在艰难困苦的场合紧紧地黏在这里,坚持到底。它是在别人说你不行时,发自内心的有力声音——'我行'。"这就是说,一个人如果没有激情,就不能把工作做好,而一旦对工作充满高度的激情,便能够把枯燥乏味的工作变得生动有趣,让自己充满活力,进而取得不同凡响的成绩。

人生路上的每一次进步,职场生涯中的每一次飞跃,工作中迸发出的每一个智慧的火花,无一不是激情创造的奇迹。保持激情,就是保证自己拥有不断提高的动力。生活如果丧失了激情,那就如同白开水,没有味道,也不会精彩;工作缺少了激情,就如同汽车没有了油,很难跑得起来。那么,如何才能保证对工作持续不变的激情呢?这就需要对工作有一颗很强的责任心。

可以说,责任心是激情的"发动机",它是点燃激情、拥有积极精神力量的火把,可以把全身的每一个细胞都调动起来,让人主动、积极地面对工作中所遇到的一切困难,不断提高工作能力,成就事业上的辉煌。

工作是很懂得"感恩"的,你为它付出十分的激情,它会回报你十二分的业绩。因此,若想在工作中脱颖而出,实现自己的价值,你就必须时刻保持对工作的责任感。责任心会引爆你的激情，而当这种发自内心的巨大精神力量转化为工作中的行动时，定能促使我们排除疑惑，更加自信；也能使我们坚定目标，全情投入；还能使我们坚持到底，收获成功，最终创造出辉煌的业绩，在职场中立于不败之地，品尝到成功的喜悦。

责任心是点燃工作激情的火种。无论你现在从事什么样的职业，处在什么样的职位上，不管你现在面对着什么样的困难，记住：保持一颗强烈的责任心。只有这样，你才能一直保持有激情的工作状态，将工作做到尽善尽美。在经历工作的千锤百炼之后，责任心定能让你在激烈的竞争中取胜，成为职场中的佼佼者。

责任感是完美工作的保证

没有责任心，就不可能有完美的工作。

时下，不少人每天都在想办法寻求成功的捷径，恨不能一夜之间成功。他们不愿踏踏实实地按照正常的步骤去做好手头的工作，他们不努力、不用心地做事，凡事得过且过。

天下没有免费的午餐，职场上也不会有一步登天的奇迹。那些整天等着天上掉馅饼，想要脱颖而出、一举成名的人，只会渐渐丧失应有的责任心，让自己的工作效率越来越低，漏洞和错误百出。这样的人根本无法在工作中积累经验，更谈不上提升实力、取得成功了。

所以，要想早日成功，必须有拿得出手的工作业绩。没有责任心，没有完美的工作，怎么能得到提升的机会呢？

石油大王洛克菲勒年轻的时候，曾经在一家小石油公司工作。生产车间里有这样一道工序：装满石油的桶罐通过传送带输送至旋转台上以后，焊接剂从上方自动滴下，沿着盖子滴转一圈，然后焊接，最后下线入库。洛克菲勒的任务就是注视这道工序，查看生产线上的石油罐盖是否自动焊接封好。这是一份简单枯燥，甚至连小孩儿都能胜任的工作。

没几天，洛克菲勒就厌倦了这份没有挑战性的工作。他本来想辞掉这个工作，但苦于一时找不到其他工作，只好继续坚持着。后来，他想，既然自己在做这份工作，就应该对这个岗位负责，把这个简单的任务做好。于是，他就认真地观察起这道工序来。他发现，每个罐子旋转一周的时候，焊接剂刚好滴落39滴，然后焊接工作就完成了。

几天后，洛克菲勒有了一个新的发现：焊接过程中有一道工序，其实并没有必要滴焊接剂，也就是说只需要38滴焊接剂就能把工作完成。"这样不就给公司造成浪费了吗？"他认为自己有责任解决这个问题。

洛克菲勒经过反复的试验，发现了一种只需38滴油就可完成工作的焊接方法，并将这一做法推荐给了公司。老板非常高兴，他做出了一个惊人的决定：聘用洛克菲勒为这家公司的高管。很多人都非常不服气，他们认为那种只需38滴焊接剂就可完成工作的方法并没有什么出奇之处，别人也做得出来，为什么单单提拔洛克菲勒呢？

老板认真地回答，这个工序上有很多员工，但是只有洛克菲勒一个人想到了要为公司节约这一滴焊接剂，看似是一件小事，但是它反映了洛克菲勒有很强的责任心。更何况，别小看这1滴焊接剂，它每年能为公司节省5亿美元的开支！

任何企业都需要全心全意、尽职尽责的员工，因为只有尽职尽责才能把工作做到完美，而员工完美的工作能成就企业的强大竞争力。不管你从事什么样的工作，平凡的也好，令人羡慕的也罢，都应该尽职尽责，追求完美，这不仅是一个人的基本职场素养，也是人生成功的重要因素。

人人都渴望成功，期待得到老板的垂青，在职场上不断得以晋升。有很多员工总是抱怨老板不给自己机会，然而当升迁机会来临时，却发现自己平时没有积蓄足够的学识与能力，以致不能胜任，后悔莫及，眼睁睁地看着机会溜走，或者被其他同事抓住。

在职场上升职，意味着你可以站在更大的平台上，行使更高级别的权力，同时，也意味着老板对你有更高级别的要求，你要承担更多的责任。为了升职，员工需要跟很多人竞争，如果你没有得到这个职位，不要抱怨老板不给你机会，而是你的能力和经验还没有提升到相应的层次。

要升职先升值。升值包括个人文化、工作经验、工作能力等各方面的提升，是一个人成长为更加成熟和完善的职场人士的过程。对于员工来说，只有自己有了价值，才能得到更多的关注和重用，才能升职。因此，在工作中每个人都要加强责任心，把手头上的任何工作都做到完美，不断增强自己的竞争优势，不断地自我升值，这样才能脱颖而出，获得难得的升职机会。

责任心是完美工作的保险丝。有了责任心才能重视自己的工作，才能对自己高标准、严要求，才能要求工作结果精益求精，产生完美的工作成果。任何一个老板都希望自己的员工把任务做到完美，把业绩做到极致。同时，在这个精益求精的工作过程中，员工得以展现自己的才华和能力，体现自己的责任心，凸显自己的个人价值。这是获得老板认可的重要途径，更是成就个人职场辉煌的保证。

  在职场上，有些人因为出身卑微，或学历不高，或饱经挫折，就否定自己，放弃了梦想。但也有一些人，总在兢兢业业地做着他们该做的事，即使自己的职位非常卑微，也丝毫不会减弱对工作的热情，他们就像马丁·路德·金说的那样："如果一个人是清洁工，那么他就应该像米开朗基罗绘画、贝多芬谱曲、莎士比亚写诗那样，以同样的心态来清扫街道。他的工作如此出色，以至于天空和大地的居民都会对他注目赞美：瞧，这儿有一位伟大的清洁工，他的活儿干得真是无与伦比！"他们不会因为职务的卑微而轻视工作，只会通过不断地进步和努力地付出，确保完美地工作。有人觉得这种行为很傻气，可事实上，他们在这个过程中提升了自己的价值，赢得了老板的赏识，一点点地朝着自己的理想靠近。

  也许你感觉自己在工作中已经做得非常好了，但你是否真的已经竭尽全力把每件事情完成得尽善尽美了呢？当你想要偷懒、想要抱怨、想要放弃时，记得提醒自己：责任感是完美工作的保证，只有把工作做到完美，才能实现自己心中的愿望，才能让职场之路一帆风顺。

第二章　责任面前要承担：
不做责任的"旁观者"

> 在责任和借口之间，选择责任还是选择借口，体现了一个人的生活和工作态度。有担当的员工不会做责任的"旁观者"，从不置身事外，也不将责任的皮球踢给别人，而是勇于承担，尽职尽责，总是尽一切努力把事情做好。

不做工作的木偶

有责任心的员工，总是用比老板的要求更加严格的标准来要求自己。

有些人在工作中就像是小孩子玩的木偶，"拨一拨转一转，不拨绝对不转"。这些人有的是因为懒惰成性，得过且过，不愿意多付出一点儿劳动；有的是因为害怕做得不好会被批评，抱着不求有功，但求无过的想法；还有的人是觉得公司的兴衰跟自己没多大关系，事不关己高高挂起。这些想法和行为，都是没有责任心和没有担当的表现。

公司给个人的职场发展提供了一个舞台，在这个舞台上如何表演很大程度上取决于自己,老板只能指出一个前进的方向,职场人生的最终走向还是要靠自己决定。如果事事都被动地等待老板的吩咐,不敢主动承担一点责任,那么供你表演的舞台就会越来越小,最终你就会沦为配角或者看客,失去你的位置。

要想在职场上获得更大的空间,那么在责任面前就不要置身事外,有些事情需要自动自觉地去做,不要一切工作都等着老板交代。

艾伦是诺基亚公司成千上万员工中的一名,入职以来,他一直在手机研发部负责设计和改进手机机型的工作。

每天,艾伦都机械地完成主管安排给他的任务,按部就班地过着日子。过了一段时间,艾伦觉得自己一点工作主动性都没有,每天做完主管安排的工作以后就无事可做,有时甚至会剩下半天的闲暇时间。他觉得这样浪费时间很不负责任,于是他想给自己另外找些工作来做。

一位同事了解了艾伦的想法后,劝他说:"现在我们的诺基亚手机已经是世界著名品牌了,不管是技术性能,还是外观形象,都已经达到了一定的高度,要想再有一个质的飞跃是很难的。况且,公司又没有给我们安排新的设计任务,你又何必做费力不讨好的事情呢?"

虽然同事说得有些道理,但艾伦每日里除了完成公司下达的任务以外,总是主动而努力地做些工作。他满脑子考虑的都是如何做一个新的设计,再让诺基亚有一个质的飞跃,以便符合消费者的需求。

艾伦经过认真考察发现,当时几乎所有的时尚男女都佩戴着手机、一次性相机和袖珍耳机,于是他万分惊喜,立即按照这种想法研制具有拍摄和收听音乐功能的手机。很快,这种手机研制成功了,它一推向市场,就大受消费者的青睐,并且很快风靡了全世界。

毫无疑问，艾伦的职场生涯也因此变得充实而充满成就感。

公司的兴衰关系到每个人的发展，不要把公司和自己割裂开来，认为公司的事情不是自己的事情，老板没有安排的工作就不是自己的工作。公司发展好了，每个员工都会受益；如果公司不幸倒闭了，那么谁都要卷铺盖走人。

对待工作应当有责任心，积极主动地投入到工作中，而不是事事等待老板吩咐，被动地接受指令，变成没有老板指挥就成为"死物"的木偶。

事事等待老板交代的人，很容易成为"木偶钮式"员工，每天按部就班地工作，但工作时却缺乏活力，少了创新精神，仅仅满足于做好老板交代的事情，对于"分外之事"，他们视若不见、充耳不闻，哪怕油瓶倒了他们也不会伸手扶一扶。这种工作方式很明显失去了人的主观能动性，把自己仅仅当成会说话的"工具"，从本质上来讲，这种消极的工作方式就是不负责任。

一天晚上，天突然下起大雨，货场里恰好有一批怕淋的货物运到，装卸工人们都又冷又累，谁都不想去盖好篷布，只有刚来的一个小伙子爬到垛上，招呼大家帮忙盖一下。工人们都说："我们是干装卸的，老板又没让干那些，货物淋了跟我们又没关系。"他们没有一个"操闲心"的。

货场的老板不放心，冒雨到来看到了这一幕。老板当时没说什么，帮着那位小伙子把篷布盖好就走了。

第二天，这帮装卸工就被辞退了，货场老板只留下了那位盖篷布的小伙子，让他担任工头，招募一批有责任心的工人。

企业团队是由每个员工组成的，企业的命运跟每一个人都密切相关，团队中的每一个成员都应该贡献自己的全部力量，责任面前不能退缩，不要再以"老板没交代"为由来逃避责任，要勇于担当。

我们的事业，我们的人生，并不是上天安排好的，而是我们自己创造的，勇于担当就能获得更多的机会。工作中，员工应该多想想"我还能为老板做些什么"，当额外的工作出现时，要把它看成锻炼自己的机会，积极主动地行动起来，尽量找机会为公司创造额外的财富。这个过程能够提升员工的个人能力和价值，让老板觉得这样的员工物超所值。升职加薪的机会来了，老板自然会首先选择积极主动、肯负责任的人提拔。如果什么事情都需要老板来吩咐，你的职场生涯便充满了危机，这样的人肯定是提拔在后、解雇在前。

老板也是凡人，不可能事事照顾周全，尤其老板身处高位，事务繁多，方方面面都要牵扯精力，因此有些事情他难免是看不到的。比如老板偶然漏掉了一项日常性的工作没有交代，而这又是在员工权限范围之内的，员工就应该挺身而出，主动负责起来，把这项工作做好。

主动负责地去工作不但锻炼了员工的能力，同时也为员工的个人价值的实现增添了砝码。

微软原总裁李开复曾说："不要再只是被动地等待别人告诉你应该做什么，而是应该主动地去了解自己要做什么，并且规划它们，然后全力以赴地去完成。想想在今天世界上最成功的那些人，有几个是唯唯诺诺、等人吩咐的人？对待工作，你需要以一个母亲对孩子般那样的责任心和爱心全力投入，不断努力。果真如此，便没有什么目标是不能达到的。"记住，企业和老板只会给你提供舞台，能演出什么精彩的节目、获得多少喝彩和掌声则需要自己排练。

责任面前，不要再置身事外，有些工作不必再等老板交代。拿出员工应有的责任心来，主动去做老板没有交代的事情，并把这些事做好，这也是锻炼自己的机会，是实现个人价值的有力保证。当然，勇于担当并不是把什么工作都往自己的身上揽，做老板没有吩咐过的工作要注意一个权限的问题，我们必须要考虑清楚自己做的事情是不是老板最需要的、公司最需要的，要在不破坏公司各种秩序的情况下，积极主动地去做额外的工作。

责任的皮球

让责任到此为止，不把责任的皮球踢给别人。

足球场上，有一种很"独"的人，总是自己带着球满场飞奔，不传球给队友，不懂得跟别人配合，以至于减弱了集体的整体力量。在职场上，情况却刚好相反，有些人犯了错误以后，对于责任这颗"足球"恨不得有多远躲多远，当责任"不幸"降临到自己头上的时候，马上大脚开出，传给别人。这两种人，都不受人欢迎。

有人觉得，犯错是不能胜任工作的表现，会给别人留下能力不强的印象，从而对今后的加薪与晋升有所影响，甚至还会被老板炒鱿鱼。因此，他们不敢主动承担责任，对责任能推就推，绝不"客气"。

然而，人非圣贤，孰能无过？知错能改，善莫大焉。逃避责任不是解决问题的办法，反倒会给人留下不负责任的印象。

三十多岁的李海是一家家具销售公司的部门经理，虽然他在这个行业做过多年，很有经验，但是对待工作却责任心不强，非常懒散，犯了错误非常喜欢逃避责任："我没有在规定的时间里把货发出去，是因为老王让我帮忙做其他事情……""我本来不想按照这个价格出售，但是小李认为这个价格的利润空间也不小……"

有一次，他提前得知了一个消息：公司决定安排他们这个部门的人到外地去谈一项非常棘手的业务。他怕办砸了担责任，于是提前一天请了假。第二天，上面安排任务，因为他不在，便直接把任务交代给他的助手，让他的助手转达。当他的助手打电话向他汇报这件事情时，他便以自己身体有病为借口，让助手顶替自己前去处理这项业务。结果因为助手缺乏经验，使这笔业务的利润很低，公司基本上算是白忙活了。

半个月后，老总打电话询问这项业务的过程，李海怕公司高层追究自己的责任，便以当时自己请假为由，谎称不知道这件事情的具体情况，一切都是助手办理的。他为自己辩解说，这不是他的责任，企图让助手来承担责任。其实，李海的助手在跟老总的通话中早就承担了自己的责任，然后又客观地讲述了事情的整个过程。

第二天，李海接到了老总的解聘通知。老总是这样跟他说的："作为部门经理，你没有一点担当，还把自己的责任推给下属，既然你承担不了经理的责任，也就不要占着这个位置，让能负责的人来干吧。"

直到这时，李海才明白了把责任推给别人是多么的不智。可惜，这笔"学费"昂贵了一些。

在工作中出现错误或失败并不可怕，毕竟没有人能够做到面面俱到、事事完美。可怕的是，有些人没有责任心，不敢承担责任，想把自己的过失掩饰掉，把自己应该承担的责任推诿给他人。很多人没有认识到推诿责任的危害，他们不到万不得已不会承认自己的错误，而且选择对自己的错误加以辩解，像"踢皮球"一样将责任推给别人，老板不是傻子，即使能被你蒙蔽一时，但是纸终究包不住火，等到真相大白的时候，倒霉的还是你自己。

当工作中出现问题的时候，与其将自己的问题推给别人，倒不如大大方方地承担起来。领导不会因为勇于承担责任而处罚员工，相反他们会更看重员工在出现问题时所体现的工作责任感。如果工作一出现问题员工就推卸责任，老板自然就会选择那些敢于承担责任的人，为他们创造更多的成功条件。

如果员工能够勇于承担责任，肯从自己的身上找原因，在错误中能够吸取教训并及时改正错误，那么错误就会变成一笔丰富经验、提高能力的宝贵财富。把自己应该承担的责任承担起来，将责任心体现在工作中的员工，才能得到老板的欣赏和重用，并登上事业的巅峰。

面对工作中的失误，员工如果主动诚恳地承认错误，说明他有敢于承担责任的勇气和信心，这不仅是一个工作态度问题，也是一个品质问题。不把责任的皮球踢给别人，把责任心体现在工作中，哪怕是失误中的员工也是很容易得到老板欣赏的。

某公司要在内部选拔一名总裁助理，经过多轮筛选后，竞争者最后剩下了三个人。他们接到总裁的通知，到他办公室做最后一次面谈。

在办公室里，总裁指着花架上的一盆兰花说："这盆花价值20万，是稀有品种，是从广西十万大山中运出来的。"总裁又说："我出去一下，麻烦你们把这花搬到窗户边上去。"

那花架看起来很重，三个人决定一起搬。令人意外的是，三个人刚一碰到花架，其中的一条腿就断了，兰花也摔坏了。

总裁闻声而来，询问是谁的责任，其中的一位首先声明自己没有责任："这不关我的事，是他们两个弄的。"

"生产花架的人把花架做得这么差,"第二个人说,"应该去找他们。"

总裁又问第三个人:"你认为呢?"

"这是我们的责任,我们本来就有义务做好。"第三个人不卑不亢地说。

听他说完,总裁脸上露出了笑容:"你被录用了!那盆花根本不值钱。"

员工必须明白,每个人都需要在工作中承担责任,这是员工的基本职业素养。工作做出了良好的业绩是员工的成绩,出现了失误也是员工的责任,工作中千万不要见好处就上,见责任就让。只有对自己的工作切实负责,以端正的态度对待失误,才是一个优秀员工应有的品质。只有这样,整个企业或者团队才能健康稳步地向前发展。如果大家都把失误的责任推给别人,那就是把企业当成了一块蛋糕,迟早会把企业吃光,然后大家一起饿肚子。如果大家都能够切实负起责任来,不推诿、不避讳,对自己严格要求,积极进取,那么企业就会像一片田地,在大家的共同努力耕耘下获得越来越丰厚的收获,这样大家才能衣食无忧。

面对自己工作中产生的失误勇于承担,才是真正的负责任。在其位,谋其政,担其责,只有这样,员工才能成就完美的职场人格,实现自己的人生价值。同时有了勇于负责的心态就会在工作中更加尽心尽力,更加积极地开动脑筋想办法,能够减少失误,为自己的企业创造更多的价值,何乐而不为呢?

要想成为一名合格的、优秀的员工,就应该牢记自己的使命,尽职尽责地履行自己的义务,尽最大的努力把工作做好,减少失误。如果出现失误,就要自己承担责任,绝不踢皮球,绝不推卸责任,如此,才能成长为职场中的中流砥柱。

员工不作壁上观

做一个能够为老板排忧解难的员工。

职场上,常常听到这样的声音:"这是老板需要考虑的事儿,你一个打工的瞎操什么心啊?""听说公司财务状况出问题了,你怎么工作还这么认真呀,还不赶紧想办法另外找个出路?""其实我知道怎么打动这个客户,不过老板让小王负责了,现在拿不下来不关我的事,让老板自己着急好了。"这种对老板的忧难袖手旁观,甚至幸灾乐祸的员工,大有人在。

这种员工总觉得老板的困难与自己无关,自己该怎么干活儿还是怎么干活儿,该拿多少工资就拿多少工资,对老板头疼的问题一点都不操心。其实,这是缺乏责任心的表现。他们没有把老板当作团队的一分子,老板虽然是员工的上司和雇主,但也是团队的一员,也是与员工休戚与共的同事。老板的困难不能解决,往往会给整个企业带来损失,对每一个员工都会产生不利影响。员工应该勇于承担更大的责任,为老板排忧解难,促进整个企业更好地发展。

宋亮是某公司的人事部经理,最近他发现自己的老板状态不佳。老板的业务能力很强,平时工作效率很高,处理事情井井有条、速度很快。但是这些日子,每次到了下班时间老板还剩下很多事情处理不完,一连好几天都是这样，而且一向谈笑风生的老板现在总是一副愁眉不展、无精打采的样子。

老板的状态实在是让人无法理解，而且他的意志消沉导致了公司的工作计划没能按时完成。客户对公司的表现已经流露出明显的不满，有的已经对延误交货时间提出索赔要求了。宋亮看到公司因此而受到损失，看到很有才华的老板因此而消沉下去，非常着急。

一天早上，宋亮在汇报完工作之后，用聊天的口气跟老板说："王总，家里都还好吧？"老板说："唉，我正头疼呢！我太太生病住院了。这几天搞得我筋疲力尽的。"

"哦，严重吗？难怪我看您脸色不好呢。"

"其实也没什么，就是现在孩子没有人接了，我晚上还要去医院陪太太，休息时间少，有点累。"

"我看您精神不太好。如果有用得着我的地方，您尽管吩咐。这样您可以多点时间陪陪家人。"

老板听到这番话，很是欣慰。他把一部分工作交给了宋亮，并对宋亮说了一番信任和感激的话。接手工作后，宋亮一丝不苟，力求将每一项工作都做好，遇到不明白或不熟悉的问题，他就主动向老板或同事们请教，非常负责。在他的努力下，公司的工作有了明显的起色，宋亮本人也在工作中得到了更多的锻炼。

后来，谈起这一段经历，老板总是很感激地对宋亮说："那时多亏你主动承担起责任，不然我还真的很难办。"通过这件事，宋亮得到了公司上下的尊敬和赞誉，更是成了老板的好"战友"。像宋亮这样勇于承担责任，能在关键时刻主动替老板分忧、顾全大局的员工，有哪个老板会不喜欢呢？

公司的经营和运转跟个人的职场生涯一样，不会一帆风顺，会出现许多意外事件，老板也会遇到各种各样的棘手难题。这时候你不要想"反正不是我一个人的事，就算老板自己解决不了，不是还有别人吗？我干吗要做出头鸟，做吃力不讨好的事呢"，也不要因为自己职位不高而逃避责任。任何员工在老板遇到难题的时候都要挺身而出，主动负责，在自己力所能及的范围内为老板排忧解难。

在不少企业里，有些员工不仅不能主动帮助老板解决问题，甚至在自己没有做好工作的时候会直接把问题丢给老板，把本该属于自己的责任推给上司。他们会貌似恭敬地说："您看怎么办？"可以说，这种做法实际上是在推卸责任，员工可以向老板请教、寻求帮助，但不能把自己的工作责任也推给老板。这种做法使很多老板不得不亲力亲为，去做下属做不好的事情，别说员工主动为老板排忧解难了，有些老板甚至还要悲哀地给下属收拾烂摊子，这是企业最大的不幸。

老板也是普通人，他们外表看起来很荣耀，可实际上都承受着巨大的压力。除了工作上的事情，他们在家庭中也担负着很重的责任。在工作和生活中遇到难题的时候也会着急、发愁。也许这些工作老板没有安排给你，但问题的存在却阻碍了整个公司的发展。在这个时候，如果你能替老板解决难题，老板即使表面上不说，内心里也会领你的情，而且会欣赏你，有机会就会提拔、重用你。因为在老板眼里，你是一个有责任感的人，是一个能给他提供帮助的人。

如果一个员工不满足于现状，想改变自己在职场上的处境，那么只满足于做好手头上的工作是远远不够的。企业的最终目的是要赢利，在企业的经营过程中，各种风险、难题会纷至沓来，处理不好，就可能遭受灭顶之灾。因此，员工一定要拿出责任心，跟老板同舟共济，渡过难关。在老板遇到难题的时候能够挺身而出、主动承担责任的人，就是企业的"救火队员"，这种员工根本不需要担心得不到老板的关注。遇到问题，老板第一个想到的就是他，升职加薪的机会自然也非他莫属。

在职场上，没有一个老板是无所不能的"超人"，比起普通员工来，他们承受的压力更大，遇到的困难更多，肩上的责任也更重。他们遇到困难时，虽然万分焦虑，但还是要尽量平静地进行日常的工作。作为员工，在老板需要帮助的时候，不要作壁上观，更不能幸灾乐祸或者落井下石，那就不单是责任心的问题了，而是严重的素质问题。这时候，员工应该勇于承担起责任来，做自己力所能及的事情，为老板排忧解难，帮企业渡过难关。这不仅是对企业负责，更是对自己负责，这样的优秀员工才能在职场上有所斩获。

公司就是自己的家

有一颗主人翁的心，并持之以恒。

很多人把公司当成是自己工作的一个场所，就像一个生产车间或者作坊，完成了工作以后就匆匆离去，毫不留恋。他们觉得公司就是一个临时的落脚点，自己只是一个过客而已，公司的好与坏与自己无关，大不了跳槽去别的单位。可惜，怀有这种心态的人不管到了哪儿，都不会有好的发展，因为他们没有把公司当成自己的"家"。

其实，每一个优秀的员工都不会仅仅把公司当作出卖劳动力换取薪水的地方，他们总是把公司当作自己的家，处处维护公司的利益和荣誉，为公司的困难出谋划策，为公司的成长欢呼雀跃，在工作中勇于承担责任，当仁不让地去处理工作中遇到的各种难题，真正把公司的命运跟个人的发展结合起来，实现公司和个人的共赢。

一位年轻的电气工程师在某大型公司的售后服务部门工作。一个周末的早上，他到一家商城购物，路过电器专柜的时候，无意中听到有人抱怨他所任职的公司的产品质量有问题。那个人越说越起劲，结果有不少人都围过来听他讲。

当时这位工程师正在休假，他是来陪妻子逛街购物的。他本来可以对这件事置若罔闻，自顾自地继续他的休闲生活，没有人会要求他做些什么。但是他对公司有着很强的责任心，对公司的利益非常关心。于是，他走上前去说了声抱歉，然后告诉那位大发牢骚的顾客，自己就在那家被他抱怨的公司工作，希望了解一下他对产品不满意的原因，并且请求这位顾客给他们公司一个机会改善这种状况。最后他保证，他们公司一定可以解决这位顾客的问题。

在场的人都非常惊讶，因为这位工程师当时并没有穿公司的制服，他同自己的妻子也是来购物的。众人看着他掏出手机给公司打电话，请公司立即派出修理人员到那位顾客家中去解决问题，直到那位顾客满意为止。

后来，这位工程师还打电话给那位顾客做回访，询问顾客对自己公司的服务够不够满意，还有没有需要改进的地方，并对这位顾客再三表示了歉意。结果，这位顾客后来成了他们公司的义务宣传员。这位工程师也受到了公司负责人的高度赞扬，并号召公司全体员工向他学习。

这位工程师没有像某些员工一样，对公司利益漠不关心，在公司里仅仅按部就班地干活，出了公司大门就跟公司无关了，不是自己职责范围内的事绝对不管；而是不论何时，都站在公司的立场上，把公司当成自己的家，把公司的利益当成自己的利益，时时处处为公司着想，而不是置身事外，他是以高度的责任心对待自己的工作和公司的。这种责任感，不仅是公司的宝贵资源，更是他自己一生受用不尽的宝藏。每一位员工都应该像这位工程师一样时刻都把公司的事当作自己的事，责任面前不要采取观望态度。

任何一个公司，其实就是一个大家庭。老板就像家长，负责指引整个家庭的发展方向，每一位员工都为这个大家庭贡献自己的力量。如果是在真正的家庭里，每个人都会尽心尽力，但是在公司这个"家庭"里，往往有个别员工存在着错误观念，他们认为公司跟自己的关系没有这么密切，哪怕公司垮了对自己的影响也有限，大不了换个工作罢了。

这种观念是错误的。公司就是员工的家，真正优秀的员工应当在责任与薪水之间，更加看重责任，把公司的事当作自己的事，处处维护公司的利益。有了这种意识，员工自然就会具有一种发自内心的力量和无限的动力，遇到问题就不会拖延、找借口，也不会抱怨不断，而是积极主动地做好每一件工作。而当员工完美地将工作完成时，自然也就不愁升职加薪的日子会遥遥无期了。

职场中的每一个人都想事业有成，公司就是实现这个理想的一个平台。有些人在工作中脚踏实地，每走一步都能留下自己的足迹，每天都在成长；而有些人却由于各种原因，总是与公司离心离德，始终不肯把自己安稳地放在这个"大家庭"里，久而久之，就会成为这个团队的"外人"，这对公司和个人的发展都很不利。

"公司就是自己的家"不只是一句简单的口号，而是每一位有责任感的员工的自我意识所产生的归属感的表达。对于期待事业有长远发展的人来说，更应当把公司看成一个自身生存和个人发展的平台，珍惜工作本身带给自己的除薪水之外的经验、技能等各种报酬。无论薪水高低，在工作中都要尽职尽责、积极进取，做到以公司为家，这才是事业成功者应该具备的心态。

员工只有对任职的公司产生责任感和归属感，才能激发自己的热情，认真、踏实地投入到工作中，兢兢业业，最终实现自己的职业理想。

上汽集团的总裁胡茂元从17岁作为一名学徒进入工厂开始，一直把单位当成自己的家，在这个公司效力了四十多年，这在当今把跳槽看成家常便饭的职场中好像不可思议，但正是这种对公司的责任感和归属感促使胡茂元为公司奉献了一生的力量，也实现了个人的价值，获得了令人羡慕的成功。

反观那些把公司仅仅当成赚钱场所的人，那些无视自己的岗位责任的人，永远都只能成为公司长远发展历程中的一个匆匆过客，分享不到公司发展给个人带来的巨大收益。因为这样的员工对公司没有归属感，不能尽善尽美地完成工作，也就丧失了获得成长的机会。这类员工无论在哪一家公司工作，都无法出人头地，甚至很可能会被淘汰，永远也不会实现自己的人生价值。

如果员工愿意成为公司这个大家庭的一员，就需要把主人翁的心态持之以恒地贯彻到一切工作当中，真正把自己当作这个集体中的一员，抱着"公司兴亡，匹夫有责"的责任感和使命感投入工作。把公司当成自己的家，公司就会像家庭一样给你最丰厚、最温暖的回报。

借口是不负责任的遮羞布

总是喜欢找借口的人，遇事推卸责任就成了一种习惯。

有些人不敢担当责任，他们善于寻找各种各样的借口来为自己的失职推脱。"我可以早到的，如果不是下雨堵车""那个客户太挑剔了，我无法满足他""手机没电了，所以我没有联系上那个客户"。只要用心去找，借口就像海绵里的水，挤一挤总是有的。

这些人宁愿绞尽脑汁去寻找借口敷衍塞责，也不愿意多花点心思把事情做好。借口或许可以让这种人暂时逃避困难和责任，但是时间长了，推卸责任就成了一种习惯。借口说出来很容易，但是要消除在老板心中的坏印象就难了，这对个人的发展是很不利的。

某家大型企业最近一个月的业绩明显下滑，老板非常着急，于是召集各部门负责人开了个月度总结会。在会议上，老板让公司的几个负责人讲一讲公司最近销售方面发生的问题。

销售经理首先站起来说："最近销售做得不好，我们部门有一定的责任。但是，主要原因不是我们不努力，而是竞争对手纷纷推出新产品，他们的产品明显比我们的好。"

研发部门经理说："最近，我们推出的新产品非常少，但是我们是有实际困难的。原本不多的预算,后来被财务部门削减了不少。依靠这些资金,我们根本研发不出有竞争力的产品。"

财务经理说:"我是削减了你们的预算,但是你们要知道,公司的采购成本在上升,我们的流动资金没有多少了,公司面临很大的财务压力。"

采购经理忍不住跳了起来:"不错,我们的采购成本是上升了,可是,你们知道吗?菲律宾的一个锰矿被洪水淹没了,导致了特种钢的价格上升。"

大家说:"原来如此。这样说,这个月的业绩不好,主要责任不在我们啊,哈哈……"

最后,大家得出的结论是:应该由菲律宾的矿山承担责任。

公司的老板面对这种情景,无奈地苦笑道:"矿山被洪水淹了,这样说来,那我们只好去抱怨该死的洪水了?"

故事中的那些部门经理不但不承担自己的责任,积极主动地寻找解决办法,反而尽力找借口推脱。一旦所有的部门都形成了这种风气,就会造成整个团队的战斗力锐减。大家对公司的利益漠不关心,最终这个企业将走向没落,树倒猢狲散。公司和个人都要为这种推卸责任的恶习埋单。

实际上,任何借口都是在推卸责任。在责任和借口之间,选择责任还是选择借口,体现了一个人的生活和工作态度。在工作过程中,总是会遇到挫折,是迎难而上还是做一只把头埋在沙子里的鸵鸟?如果总是找借口推卸责任,就很难给自己带来不断进步的动力,即使工作上出了什么问题,你也不会从中吸取教训,学到东西。但是,有了机遇或者好的职位,同样也轮不到你。

在1968年墨西哥城奥运会马拉松比赛上,坦桑尼亚选手艾克瓦里吃力地跑进了奥运体育场，他是最后一名抵达终点的选手。

这场比赛的优胜者早就领了奖牌，庆祝胜利的典礼也早已经结束。因此，艾克瓦里一个人孤零零地抵达体育场时，整个体育场已经几乎空无一人。艾克瓦里的双腿沾满血污，绑着绷带。他努力地绕完体育场一圈，跑到终点。在体育场的一个角落，享誉国际的纪录片制作人格林斯潘远远地看着这一切。接着，在好奇心的驱使下，格林斯潘走了过去，问艾克瓦里："为什么这么吃力地跑至终点，为什么不放弃比赛呢？"

这位来自坦桑尼亚的年轻声人轻地回答说："我的国家从两万多公里之外送我来这里，不只是让我在这场比赛中起跑的，而是派我来完成这场比赛的。"

多么感人、质朴的话语。假如艾克瓦里中途放弃的话，没人会怪他，而且会有"第一次参赛，经验不足""状态不佳"的借口，坦桑尼亚人估计还会说他虽败犹荣……但是，他用实际行动向世人证明责任需要的是承担而不是借口。他以另一种方式赢得了全世界的尊重，这种尊重甚至超过了奥运会冠军。

在工作中遇到了问题，特别是难以解决的问题，可能让你懊恼万分。这时候，千万不要为自己找借口、推卸责任。借口找多了，人会疏于努力，不再设法争取成功，而把大量的时间和精力放在如何寻找一个合适的借口上。任何一个老板都欣赏勇于承担责任的员工，不喜欢什么事情都有借口的人，找借口推卸责任只能让员工在职场的道路上走下坡路，最终沦为碌碌无为的庸才。

在工作中，无需任何借口，许多失败就是那些一直麻痹着自己的借口导致的。迟到了就是迟到了，事情办砸了就是办砸了，项目失败了就是失败了，再好的借口也无济于事，再美丽的谎言也不过是不负责任的遮羞布。如果那些一天到晚总想着如何找借口的人，肯将一半的精力和创意负责任地用在工作上，他们一定能在职场上取得卓越的成就。

优秀的员工从不在工作中寻找任何借口，他们总是把每一项工作尽力做到超出客户的预期，最大限度地满足客户提出的要求，而不是寻找各种借口推诿；他们总是出色地完成上级安排的任务，替上级解决问题，而不是强调困难；他们总是尽全力配合同事的工作，对团队的责任从不找任何借口推脱或延迟。"没有借口"看似冷漠、缺乏人情味，但它却可以激发一个人最大的潜能。如果员工能够将找借口的创造力用于寻找解决问题的方法，情形也许会大为不同。

那些实现自己的目标、取得成功的人，并非有超凡的能力，而是有超凡的心态。他们从不找借口推卸责任，而是勇于承担，竭尽全力去圆满地完成任务。在现实生活中，职场上缺少的正是那种想尽办法去完成任务，而不是去寻找借口的人。工作之中不找任何借口，体现的是一种负责、敬业的精神，这种精神是所有企业和团队的宝贵财富。

不找借口推卸责任的人能积极抓住机遇，创造机遇，而不是一遭遇困境就退避三舍、寻找借口。想要在职场上获得成功，就必须改正把问题归咎于他人或者周围环境的习惯，停止寻找或高明或笨拙的借口，勇敢地担起自己的责任，在自己的岗位上，尽最大的努力把事情做好，一切后果自己承担，绝不找借口，不推卸责任。

带着责任心工作，克服"鸵鸟心态"

借口再多，也增加不了业绩。

有的人在工作中总是不能按时完成任务，若问其原因，他会理直气壮地给出理由："这太难了，一点办法都没有。""我能力有限，实在没办法。""唉，我太倒霉了，做点事情竟遇到麻烦了。"总之，他们不是认为自己没有好的机遇，就是认为父母和家庭没能给自己提供一个好的平台，或者动辄责怪他人，总觉得别人对不起自己。在他们看来，老板安排自己去做一个"不可能完成的任务"，根本就是跟自己过不去，上司责备自己事情办得不够完美漂亮，一定是忌妒自己的才能……

这些人其实都是没有担当的人，他们是在推卸自己的责任，为自己找借口。机遇不是别人给的，是靠自己去争取的。老板没给你好差事，上司认为你做得不够好，你有没有问过自己对工作是否尽职尽责了？

在职场上，没有人能随随便便成功，借口再多，也增加不了业绩，提升不了个人价值和能力，对工作中的责任不能勇于担当，而是一味寻找借口，不仅不能达成职场愿望，还会逐渐沦落为无人喜欢的办公室"害群之马"，会破坏整个团队的良好气氛，任何一位老板都不喜欢自己的团队里有这种人存在。

在国家队科技进步奖的评选中，联想汉卡被评为国家科技进步奖二等奖。按理说，这个奖项已经很不错了，可联想的老板柳传志却认为，从所创造的经济效益和实现的产值来看，联想汉卡都达到了一等奖的要求，但因为它是一块卡，所以容易给人留下技术含量不高的印象。

他对公关部经理郭为说："我不要二等奖，我要一等奖。交给你一项任务，把二等奖变成一等奖。"

变更不是件容易的事。在专家组50名专家中，要有10名专家联名要求复议，然后再开大会，其中2/3的专家同意这个复议，才能够变更为一等奖。而且当时，评选结果已经在《人民日报》上公布了。

若换作其他人，可能会很生气，抱怨老板贪心，抱怨老板把烫手的山芋扔给自己。再说了，媒体都公布结果了，还能改变吗？但是，郭为没有拒绝这个任务，也没有丝毫抱怨，他对自己说："就当是一次锻炼好了，看自己到底能做到什么程度。"

郭为不敢直接去找专家，他担心自己被专家误会"走后门"而弄巧成拙。他首先想到的是借助媒体的力量，比如中央电视台，不妨在有广泛影响力的媒体上宣传一下联想汉卡，这样就能够引起那些专家的重视。

过了一段时间，郭为认为时机到了，他便开始一家一家地登门拜访那些专家，请求他们到公司去，由工作人员再一次给他们展示联想汉卡。就这样，郭为一个人攻下了10个人。

最后，10名专家联名，50名专家开会，联想汉卡拿下了国家科技进步奖一等奖。郭伟自然也得到了柳传志对自己更多的欣赏与重用。

借口任务太困难是没有担当的表现，困难就像弹簧，你强它就弱，你弱它就强。当工作上遇到困难时，很多人不是想办法解决，而是习惯找"工作太难，一点也没有办法"的借口推脱自己的责任，安慰自己的畏难心理。这是典型的鸵鸟心态，不敢面对困难，不敢正视责任，这种人永远不能成为优秀的员工。

每个人都该对自己的工作负责。的确，在工作中会遇到很多困难，有时候甚至看似无解，但是面对困难，如果选择一味地逃避责任，不敢挑战自己，不敢迎难而上，是无法激发自己潜力、取得大成就的。如果缺乏面对困难任务的责任心，就无法高质量地完成领导交付的任务，还会打消工作的积极性和创造性，对工作敷衍了事。这种做法只能导致一个结果：工作做不好，得不到重用。

其实，很多时候困难是与机会为伴的。在工作中员工应该抱着负责的态度，充分认识到工作中各种困难的积极作用，把克服困难当成锻炼自己能力、促进自己发展的契机，这是彻底消灭"工作太难"借口一个很重要的方法。

海尔集团首席执行官张瑞敏说得好："不是因为有些事情难以做到，我们才失去了斗志，而是因为我们失去了斗志，那些事情才难以做到。"

带着责任心去工作，不是一句口号，而是一种务实的态度。怀着这样的心态做事，才能够对工作中的困难不逃避、不退缩，在困难面前才不会再找"这太难了，一点办法也没有"这样消极的借口。勇于承担自己的责任，才能够开动脑筋，想出更好的创意，发现别人难以发现的问题，做到别人难以做到的事情，进而让老板发现你的才能，最终实现自己的目标。

如果你总是逃避责任，遇到困难就找借口退避三舍，不敢承担，那么老板自然会认为你没有担当，这样一来晋升之路也就被自己堵死了。老板给员工安排工作，并不是天马行空，老板会参照员工的能力来确定任务。他不会给你一个远远超出你能力之外的任务，白白浪费人力物力的。既然让你去做，老板就觉得你能做好，即使有困难，通过你的努力也应该能够完成，因此，找借口逃避困难是殊为不智的。试想，如果你是领导，一个连本职工作都要找借口逃避的人，你可能将重任交给他吗？

职场上的成功者不需要编织任何借口，因为他们面对困难能担当起责任，不怕迎接任何大的挑战，能勤奋努力地工作。如此，再难的工作任务也能完成。记住，没有过不去的坎，办法总比困难多，与其找借口逃避，不如想个办法再试一次，再坚持一下，也许成功之门就会为你开启。

远离借口，迈近成功

> 寻找借口，是个消极的心理习惯。

每个人都有自己的习惯，这种习惯会被不自觉地带到学习和工作中。比如，早上工作前习惯喝一杯咖啡，习惯把一些需要创意的工作任务安排到晚上，那时候灵感更多一些……这些习惯都是无关紧要的，只要不损害身体健康，可以更好地完成任务，就可以维持下去。然而，还有一种习惯，可以说是"陋习"，就不得不戒掉了，比如习惯给自己找借口。

职场中，喜欢找借口的人不在少数。他们缺乏责任心，习惯为自己的不负责任寻找各种各样的理由。如果第一次利用某种借口，让老板原谅了自己的过错，或是为自己开脱了责任，他们会沉浸在这种暂时的"安全"之中。尝到了借口带来的"好处"，他们就会把这种行为延续到第二次、第三次中，久而久之，形成习惯。

寻找借口，是个消极的心理习惯。一旦借口成为习惯，只要出现问题或遇到困难就找借口，而不想着怎么解决问题。这种习惯会让责任心消失殆尽，让人在工作中毫无锐气和斗志，变得拖沓而没有效率，最终一事无成。

卡罗·道恩斯原是一家银行的职员，但他却主动放弃了这份职业，来到杜兰特的公司工作。当时杜兰特开了一家汽车公司，这家汽车公司就是后来享誉世界的通用汽车公司。

道恩斯在工作中尽职尽责，力求把每一件事情都做到完美。工作六个月后，道恩斯给杜兰特写了一封信。道恩斯在信中问了几个问题，其中最后一个问题是："我可否在更重要的职位从事更重要的工作？"

杜兰特对前几个问题没有作答，只就最后一个问题做了批示："现在任命你负责监督新厂机器的安装工作，但不保证升迁或加薪。"

杜兰特将施工的图纸交到道恩斯手里，要求他依图施工，把这项工作做好。道恩斯从未接受过任何这方面的训练，但他明白，这是个绝好的机会。虽然自己看不懂图纸，但是工作没有借口，困难再大也要完成，绝不能轻易放弃。

道恩斯知道自己的专业技能不强，便自己花钱找到一些专业技术人员认真钻研图纸，又组织相关的施工人员，做了缜密的分析和研究。终于，他提前一个星期圆满完成了公司交给他的任务。

当道恩斯去向杜兰特汇报工作时，他突然发现紧傍杜兰特办公室的另一间办公室的门上方写着"卡罗·道恩斯总经理"。杜兰特告诉他，他已经是公司的总经理了，而且年薪在原来的基础上在后面添个零。

"给你那些图纸时，我知道你看不懂，但是我要看你如何处理。如果你随便找一个理由推掉这项工作，我可能会辞退你。我最欣赏你这种在工作中不找任何借口的人！"杜兰特对卡罗·道恩斯说。

靠着这种对工作不找任何借口、尽职尽责的态度，卡罗·道恩斯最终成长为一名杰出人士。

很多企业都要求自己的员工做到：只为结果找方法，不为失败找理由。很显然，工作需要的是结果，是业绩，借口再多、再动听都不会对工作结果产生影响。一个优秀的员工对于工作绝不会找任何借口，面对工作，他们总是以极大的责任心去解决遇到的各种难题，"没有任何借口"是他们的行为准则。而那些习惯找借口的员工永远都不会得到上司的信赖和尊重。

任何一个企业都希望自己的员工能够负责，而不是处处找借口。虽然工作过程中会面临很多困难，但有责任心的员工总是具有强烈的责任心和必胜的信念。责任心促使他们在工作中能够发挥出自己的潜能，不会浪费时间，更不会错过任何机会，这样的员工在职场上必定能够走得更远、更成功。

在工作中，每个员工都应该抛弃找借口的习惯。与其浪费精力去寻找一个像样的借口，还不如多花时间去寻找解决方案。如果把精力专注于工作，相信就没有什么问题能够难倒你，圆满地完成了任务，那就更不需要找借口了。

不找任何借口，就可以没有私心杂念，全力以赴地做事；不找任何借口，就可以更好地挖掘自身的潜力，不断提高自己的能力；不找任何借口，专注于工作目标，工作效率就会更高；不找任何借口，勇于承担责任，就会得到更多人的欣赏，成功的机会也就更多。如果员工一开始就不找任何借口、对自己的工作尽职尽责，专注于如何解决问题而不是寻找借口，每次都竭尽全力完成好自己的任务，那么总有一天，会品尝到丰收的果实，在职场上更上一层楼。

在职场中打拼的人，千万不要养成寻找借口的恶习，这种习惯就像健康身体上发生癌变的毒瘤，它能逐渐侵蚀你的责任心，瓦解人的斗志，消磨人的锐气，最终使人走向平庸。养成这种习惯的员工，必将沦为办公室里让人鄙夷的，最终会被无情地淘汰。

在职场上不管做什么样的工作，如果想做出成绩，就应当保持一种负责的精神，用负责的态度去对待每一件事，脚踏实地去做，这样才能够赢得他人的尊重，为自己赢得尊严和机会。当你付出了这份责任心之后，工作自然会给你带来回报，你的付出和成绩会得到上司的肯定和鼓励，老板必将回报你的责任心。

勇敢地承担起责任，抛弃找借口的习惯，你就会在工作中学会大量的解决问题的技巧，不断地提升自己的个人价值，这样借口就会离你越来越远，而成功就会离你越来越近，最终梦想成真。

第三章 责任面前要忠诚：
不忠的人不会有责任心

> 职场中，忠诚的员工往往能够得到更多的发展空间和晋升机会，领导也会给予这些员工更多的信赖，也会在他们身上倾注更多的精力培养他们。要想在职场上获得更多的发展机会，就要忠于自己的工作岗位，忠于自己的事业。

持一颗忠诚之心，忠诚重于能力

当今社会经济飞速发展，职场竞争日趋激烈，人们在工作中都在不断地学习进步，以提高自己的能力、适应激烈的竞争环境，在职场上站稳脚跟。时代在变化，遇到的问题也在不断变化，人们的工作方法随之变化，能力也在不断提高，但是对工作的尽职尽责和忠诚是永远不能变的。

现代企业中，有远见的领导人在用人时第一看重的不是能力，而是个人的忠诚度。企业的用人要求是：忠诚第一，能力第二。能力可以通过培养获得，但是忠诚往往来源于员工个人尽职尽责的职业素质，这个是企业不容易掌控的。忠诚体现在工作上，就是一种对工作的责任心和使命感。因此，将忠诚作为企业用人的一个衡量标准，已经被广泛认可。如果说能力是企业发展的动力，那么忠诚就是企业生存的根本，不可或缺，忠诚比能力更重要。

某国际贸易公司业务部的业务员小刘平时算得上是一个很有能力的人，他每个月都能拿到不少的订单。但是，有一次部门经理在计算业绩的时候漏掉了一份订单，致使漏发了小刘3000块钱的提成。后来，总经理知道这件事情以后，又补发给了他，但是小刘觉得部门经理是故意的，是忌妒他的能力。

自从这件事以后，他跟部门经理产生了激烈的冲突，并一直耿耿于怀。结果，他在这个公司里看谁都不顺眼了，对待工作也开始应付起来，甚至准备跳槽到竞争对手那里，以此来报复现在的公司。

为了向竞争对手邀功，小刘私下里把公司重要的客户信息透露给了对方，还给对方提供了自己公司报给客户的底价。凭着小刘给对方提供的这些资料，竞争对手很快动用手段把公司的几个重要客户拉走了。公司里从老板到普通员工都非常着急，小刘却在为自己的阴谋得逞而窃喜。除了这些，他还匿名向当地的工商税务部门举报，抹黑公司的形象。虽然公司没有什么财务问题，但他这样做还是给公司的名誉带来了损害。

经过公司里同事们的观察，最后确定是小刘在背后捣鬼，给整个公司带来了很大的损失，总经理一怒之下差点要把他告上法庭，最后还是放了他一马，把他开除了事。

小刘灰头土脸地走了，他还以为自己会受到竞争对手那家公司的重用，但是等到他主动找上门去，幻想着一去就能成为骨干的时候，却遭到了冷遇。对方明确地告诉他，像他这样不忠诚的员工公司是不会要的。一个员工如此对待老东家，新公司自然也担心他以后如法炮制，这样的员工就像一颗随时会爆炸的炸弹，谁知道什么时候，公司就会为他付出巨大的代价？

最后，小刘不仅没得到更好的工作岗位和机会，还落了个恩将仇报的骂名，当地同行业的公司都对他敬而远之，他最后没办法，只好去了外地，从头再来了。

小刘虽然很有能力，但是他对公司的责任心却敌不过那点小心眼儿，他的忠诚显然不足以让他恪守职业道德。他的能力在不忠诚于公司的时候，产生了巨大的破坏力，给公司带来了巨大的损失。当然，他自己也没落下什么好处。

作为员工，我们要对自己的工作和岗位忠诚，对自己的企业和老板忠诚。一旦我们失去忠诚之心，就会违反道德准则，或者做出一些有悖于职业操守的事情，最终搬起石头砸自己的脚，受害者还是自己。忠诚胜于能力，只有对企业和团队忠诚的人，领导才会放心地把重要工作交给他，才能把重要的职位交给他，也才能为他提供更好的发展机会。如果一个人的忠诚度被人怀疑，别说有好的职位在等着他，恐怕他连工作的机会都没有。

很多有才华、有能力的人在工作中忽略了忠诚，他们不明白为什么明明自己对岗位能够胜任，做事也没有什么大的失误，那么长时间了，领导就是不提拔重用自己呢？

这些人也许在刚进入公司时，还是有很强的责任心的。然而，随着时光的流逝，他们的责任心不再保持，对公司的忠诚度也逐渐下降，他们的能力和才华仅仅被浪费在了应付工作上。失去了责任心和忠诚度，他们的能力和才华也很难百分之百地发挥出来。

忠诚是一种理智的职业生存方式，如果员工为了个人利益而置公司利益于脑后，经不起金钱的考验，辜负了企业的信任，无论他有多么非凡的能力和才华，领导都不会对他放心，更不会让他承担很大的责任。因为对于公司，不忠诚的人能力越大,所处的位置越重要,他的不忠对公司造成的危害就越大。这种人肯定是需要领导严加防范的。一旦出现工作失误,老板就会毫不犹豫地辞退他,他想要在职场上获得大的成就就很难了。

那些对公司忠诚的员工,往往有着良好的心态和高度的责任心,他们不会去做不利于公司和老板的事情。哪怕他们的工作普通,职位低下,哪怕他们没什么能力,但是他们会抱着忠诚的态度,脚踏实地地投入到工作中去,尽到自己的职责。这样的人就像是默默无闻的"老黄牛",只要对公司忠诚,竭尽全力为公司出力,公司是不会亏待他的。

做忠诚员工,守公司秘密

说起战争年代那些出卖自己国家和同胞的"叛徒""汉奸",大家无不牙根发痒,恨不得食其肉,饮其血。正是他们把我们的秘密透露给敌人,才使得敌寇长驱直入,造成国土沦丧,人民流离失所,人们恨之甚至于恨敌人。

在职场上,这种出卖自己公司机密的人也同样令人发指。虽然他们给公司造成的危害是经济财产上的,但是从本质上来讲,这种出卖公司秘密的不忠行为,跟战争年代的"叛徒""汉奸"毫无二致,势必会遭人唾弃和鄙视。

克里丹·斯特曾经担任美国一家电子公司的工程师,他对工作一直兢兢业业,干得非常出色。但是,由于他所在的这家公司资金不是很雄厚,规模比较小，因而时刻面临着实力较强的比利孚电子公司的压力，处境很艰难。

有一天，比利孚电子公司的技术部经理邀请克里丹共进晚餐。饭桌上，这位经理向克里丹建议，只要他把公司里最新产品的数据资料拿一份出来，这位经理就给他很高的回报。

没想到一向温和的克里丹听到这话之后非常愤怒："不要再说了！我们公司虽然规模不大，处境也不好，但我绝不会出卖自己的良心做这种见不得人的事，任何一位恪守职业道德的人都不会答应你这种要求的！"

"好，好，好。"这位经理见了克里丹这种反应，不但没生气，反而接连说了三个"好"字，他颇为欣赏地拍了拍克里丹的肩膀，"好了，不要生气了，这事就当我没说过。来，干杯！"

不久以后，克里丹所在的公司因经营不善而破产。克里丹也随之失业了，虽然他不停地寻找着就业机会，可一时很难找到合适的工作。于是，他只好焦虑地等待着。可是没过几天，克里丹竟意外地接到比利孚公司总裁的电话，让他去一趟比利孚电子公司。

克里丹百思不得其解，不知这家实力雄厚的昔日对手找他有什么事。他疑惑地来到比利孚公司，比利孚公司的总裁以出乎意料的热情接待了他，并且拿出一张非常正规的聘书，原来他们要聘请克里丹做"技术部经理"。

克里丹非常惊讶，他很疑惑，他们这家公司效益很好，公司内部人才济济，为什么偏偏选中了他呢？总裁告诉他，公司原来的技术部经理退休了，他向自己说起了那件事，并特别推荐了克里丹接替他的工作。最后，总裁哈哈一笑，说："小伙子，你的技术是出了名的优秀，但这不是让你担任这个重要职务的主要原因。你的忠诚才是让我佩服的原因，你是值得我信任的那种人！"

克里丹一下子明白过来了，原来是自己对原公司的忠诚、自己恪守职业道德的品质为自己带来了这个难得的机遇。后来，他凭着自己的不断努力，一步一步成为了一名一流的职业经理人。

李嘉诚曾经说："做事先做人，一个人无论成就多大的事业，人品永远是第一位的，而人品的第一要素就是忠诚。"对公司忠诚的人，他会自觉维护公司的利益，绝不会出卖公司的任何商业机密，这也是一个忠诚的人最起码的行为标准，是一个职场中人最基本的职业道德。如果员工连保守公司秘密这个最基本的职业道德都不能恪守，那么他不仅谈不上得到更大的发展，就连职场上的立足之地都会失去。

有些人时时刻刻惦记着自己的利益，工作只不过是他们用来谋求利益的手段。在他们眼里，公司的利益和自己毫无关联。这样的人既不忠于公司，也不忠于工作。只要眼下出现更好的机会，他们就会毫不犹豫地抛弃公司，抛弃自己的工作。更有甚者，这些人为了一时的利益，竟会出卖公司的机密，这也是一种最愚蠢的行为。

泄露公司机密，不仅是一种背叛公司的行为，更是一种背叛自己的行为，在出卖忠诚的同时，也出卖了自己的职业道德。对于这种人来说，他靠出卖忠诚来换取利益，但是忠诚是无价的，他把自己"贱卖"掉以后，在职场上就没有什么身价了。这种行为只能使他名誉扫地，不但在原公司中无法立足，任何一个有理智的老板也不会养虎为患，收留这种人的。最终，他将失去自己最大的利益：实现自己人生价值的机会。

有一位才华出众的年轻人，先在某知名大学修了法律课程，又在另一知名大学修了工程管理课程。这样优秀的人才理应工作顺利，前途无量。可是，事实并非如此，他反而上了多家企业的黑名单，成为这些企业永不录用的对象。

原来，他毕业后，去了一家研究所，参与研发了一项重要技术，接着就跳槽到一家私企，并以出让那项技术为代价做了公司的副总。不到三年，他又带着公司机密跳槽了。

就这样，他先后背叛了好几家公司，许多大公司得知他的品行后都不敢用他，怕哪天又被他给出卖了。如今，他已经被多个企业列入了黑名单，惶惶如丧家之犬。

在职场中，人们更是奉"忠诚"为衡量员工品质的首要标准。如果说智慧和经验是金子，那么比金子更珍贵的则是忠诚。在一项对世界著名企业家的调查中，当被问到"您认为员工最应该具备的品质是什么"时，他们几乎无一例外地选择了忠诚。保守秘密，是员工的基本行为准则，也是成就员工自身人生价值的需要。

从古到今，没有谁不需要忠诚。皇帝需要他的臣民忠诚，领导需要他的下属忠诚，夫妻朋友之间都需要对方忠诚。在职场上，机密关系到企业的成败，关系到公司的利益和声誉，作为一名合格的员工，一定要恪守自己的职业道德，对公司的秘密做到守口如瓶。严守公司秘密，是员工取得老板信任的重要一环。

对公司忠诚，还要时刻提醒自己，防止自己在无意中泄露公司的秘密。如果保密思想不强，说话随便，那么就很容易说出不该说的话，从而造成泄密。当今社会，信息就是利益，不经意地泄密，就很可能使公司处于被动，甚至会给企业造成极大的损失，造成不可挽回的影响。所以，员工一定要处处以企业利益为重，处处严格要求自己，做到慎之又慎，这才是员工对工作和公司的一种负责任的态度。

职场是个诱惑颇多的地方，所以那些能够守护忠诚的人就更显得珍贵。只要你是公司的一员，就有职责为公司保密。恪守你的职业道德，也必将给你带来长久丰厚的回报。

忠诚度越低，离"圆心"越远

每一名员工都要有忠于企业的思想。

在职场上，我们经常会听到这样的抱怨：

"小孙才来公司两年，我都来了五年了，为什么提拔他做部门经理而不是我呢？"

"平时我跟老王干差不多的工作，怎么老板一下子把他安排到重要位置上，而我还是个小职员呢？"

……

企业和老板在用人时绝不是仅仅看重个人能力，而是更看重个人品质，而品质中最关键的就是忠诚度。在职场上，有能力的人比比皆是，只有那种既有能力又忠诚的人，才是每一个企业和老板渴求的理想人才，也只有这样的人才能赢得老板的信任。

老板提拔任何一位员工都是经过深思熟虑和细致考察的，遇到提拔他人而不是自己的时候，抱怨于事无补。这时候，首先要反思一下自己在哪方面出了问题，尤其是自己对公司的忠诚度。

每一位老板在提拔下属的时候，优先考虑的总是那些忠诚的员工，其次才会考虑员工的能力。换句话说，老板提拔人才时，是从忠诚的员工里面挑选能力强的，没有忠诚度的员工，根本就得不到老板的信任，更没有被挑选提拔的机会。

田伟军是一名退伍军人，几年前经人介绍，来到了一家电器工厂做仓库管理员。

虽然他的工作并不繁重，无非就是平时开关大门，做做来人登记，下班的时候关好门窗，平时转悠一下看看有没有安全隐患，注意防火防盗等。然而，田伟军却沿袭了部队里的一贯良好传统，做得非常认真，一丝不苟。

除了本职工作，他一有时间就整理仓库，将货物按区域分门别类地摆放得整整齐齐，使工人入库存取货的时候非常方便，并且他每天都对仓库的各个角落进行打扫清理，一点都闲不住。

田伟军担任仓库管理员五年以来，仓库一直井井有条，也没有发生一起失火失盗事件，工作人员在提货时都能在最短的时间找到所需的货物，大大提高了工作效率。在工厂建厂50周年的庆功庆典大会上，老板按10年以上老员工的待遇，亲自为田伟军颁发了两万元奖金。很多老职工都不理解，"为什么田伟军才来厂里五年，就能够得到如此高的待遇呢？"

对于很多人的疑惑，老板给出了解释："在田伟军来到以后的5年里，仓库没有出现一次哪怕是很小的事故，相对于以前三天一小事、五天一大事的情况来说简直有天壤之别。而且其他员工到仓库里入库或出库的时候也可以看到跟以前的区别。作为一名普通的仓库管理员，田伟军能够做到五年如一日地不出任何差错，积极配合其他工作人员的工作，对自己的岗位忠于职守，以自己的尽职尽责表达对公司的忠诚，这些都是非常可贵的。"

最后，老板说："你们知道我这五年中每次检查仓库有过几次不满意吗？一次没有！鉴于田伟军对公司和岗位的忠于职守，我觉得授予他这个奖励天经地义！"

忠诚的人即使能力不是特别卓越，也会受到老板的重视，公司也会乐意在这种人身上投资，给他们培训提高的机会，帮助他们提高自身的能力和才干，因为这种员工是值得公司信赖和培养的。因此，每一名员工都要有忠于企业的思想。

从前，有一位伟大的国王，统治着幅员辽阔的土地，可惜他没有子嗣。为了继承人的问题他绞尽了脑汁，后来他终于想到了一个办法。

国王召集了全国的男孩子，给他们每人发了一粒种子，并且告诉他们：等到来年春天的时候，谁种出的花儿最漂亮，就把王位传给谁。

男孩们都欢天喜地地领回了种子。有一个小男孩，回家按季节把种子种到花盆里以后，每天小心翼翼地照顾它，按时浇水、施肥。他十分期待自己的花儿是最漂亮的。可是，让他失望的是，随着日子一天天地过去，他的种子丝毫没有发芽的迹象。到了开花的季节，看着光秃秃的花盆，他沮丧极了。

国王挑选最漂亮的花儿的日子到了，全国的男孩子们都来了，人人捧着的花盆里开着鲜艳美丽的花，有高贵典雅的牡丹，有浓郁芳香的玫瑰……那个没有种出花来的小男孩羞愧地躲在后面，端着那个光秃秃的花盆。

没想到，国王没有理会那些种出漂亮花朵的孩子。他径直走到小男孩面前，告诉他，自己决定把国王的位子传给他。人们都惊讶极了。这时，国王说："我给你们的花种都是煮熟了的，根本不可能发芽开花。只有这个小男孩没有欺骗我，忠诚于我的指示，用心地栽培这粒不能开花的种子。把王位交给这样的人，我很放心。"

这个故事告诉我们，在企业里，重要的位置是不可能交给一个毫无忠诚可言的员工的。忠诚是职场上一个人最好的个人品牌，同时也是最值得重视的职场美德，是每名员工都应该具备的素质。忠诚决定了这个员工在企业中的重要地位，这样的员工必将赢得老板的重视和信赖。空有一身技能，但是对企业没有足够忠诚度的人，他们的职业生涯可能是从一个新手变成一个熟练的技师，或者从2000块工资拿到5000块，但很难成为企业的核心人员，很难成为职场上的精英。

要想赢得老板信任，对企业和老板忠诚就是最好的方法。忠诚的员工在企业生死存亡之时，可以与企业共渡难关，是企业生存的命脉；而在企业稳步发展之时，忠诚的员工可以得到老板的信赖，从而委以重任。我们每一个人都应该做一名忠诚的员工，和老板一起乘风破浪、共创辉煌！

忠诚，员工敬业的准绳

> 踏踏实实地敬业就是实践忠诚的最佳途径。

很多人虽然明白忠诚对公司发展和个人前途的重要性，但是却不知道怎样才算忠诚。没有人来向他打听公司的机密，也没有人暗中拉拢他跳槽，自然也就没有机会拒绝别人的这些小动作。那么，是否这样就无法实践自己对工作和公司的忠诚了呢?

很显然不是的,忠诚就是要对工作尽职尽责。在职场上,我们的忠诚是用敬业来实践的。

有些人也许觉得自己只不过工作不是特别认真而已,算不上不忠诚,其实不然。一个对待工作不够认真的员工,其忠诚度本身就值得怀疑。因为忠诚是敬业的基础,只有忠诚,才能激发出员工对工作的责任感和使命感,从而用尽职尽责的敬业心态对待自己的工作。

所以说,忠诚的员工是那些对待自己的工作有敬业精神的员工,忠诚的员工会在自己的岗位上兢兢业业、尽职尽责地工作,他们用敬业来实践自己的忠诚。如果一个人真的忠于职守,忠诚于自己的工作和公司,那么他又怎么可能不敬业呢?

一个下雨天,韩国现代汽车公司的一位员工在下班回家的路上发现一辆他们公司生产的轿车的雨刮器失灵了,车主正在冒雨修理。车主可能不太懂,在摆弄了一会儿之后,就跑到一旁去打电话,估计是想找人来帮忙。

此时,对公司的忠诚感和责任感促使这位员工没有对这辆车子无动于衷,他主动走了过去,从自己车上的工具箱中拿出工具,冒着大雨开始对轿车的雨刮器进行修理。

当轿车的主人返回时,发现有人在全神贯注地帮助自己修理车子,非常感动。经过交谈,他了解到这位热心帮忙的人正是现代汽车公司的员工,如此敬业的员工他还是第一次遇到。

没用多长时间,这位员工就把轿车的雨刮器修好了,车主万分感激并一再要付钱来感谢他,却被婉言谢绝了。这位员工不仅义务为他修好了车子,还一再为自己公司生产的汽车给他造成了不便而抱歉。这位员工的这种敬业精神深深打动了车主，让他对现代汽车公司产生了浓厚的感情，并积极推荐自己的朋友购买现代汽车，成了现代汽车的义务宣传员。

韩国现代汽车公司的这名普通员工对待自己的工作和公司非常有责任感和使命感，而这种责任感和使命感让他时时刻刻为维护现代公司的形象而努力，在他工作时间之外，在他岗位责任之外，能够主动去维护公司的利益。这样的员工，可以想象他在平时的工作中也一定是非常敬业的。

他的这种敬业精神源自于他对现代公司的忠诚，而他冒雨修车的表现，正是他用敬业实践着自己忠诚的真实写照。一个忠诚的员工会时时处处为公司着想，用他的敬业精神维护公司的利益。这样的员工才是忠诚的员工；这样的员工才是无可挑剔的员工。任何企业都会渴望拥有这样的员工，也不会吝啬于给这样的员工以相应的回报。

平凡的岗位、简单重复的工作、微薄的薪水、日复一日的付出……很容易让人失去刚参加工作时那种跃跃欲试的饱满激情，和对工作的责任感和使命感。他们会习惯性地产生厌倦，对待工作不再尽职尽责，不再严格要求自己对公司忠诚，变得浮躁而好高骛远。

也许他们认为，只有自己非常喜欢或者是轻松加高薪的工作才值得去热爱，这样的工作才能倾注自己的忠诚和敬业，才能吸引自己付出更多的努力。然而，他们不知道，在一个公司中，虽然工作有分工，岗位有不同，但责任无大小、无轻重。公司的每一位员工都有责任为公司利益着想，有责任维护好公司的利益。而且越是平凡的工作越能考验一个人对待工作的忠诚度和敬业心，于细微处往往更能考察一个人的责任感。

忠诚体现在平时的工作上就是敬业，敬业不是对工作得过且过地应付，而是要从心底里热爱自己的工作，并任劳任怨地为它全力以赴地付出。忠诚于工作和公司并不是用嘴说说就行的，它需要员工用敬业精神来付诸行动。在日常工作中，踏踏实实地敬业就是实践忠诚的最佳途径。

忠诚的人从来不会怀才不遇，他们在任何岗位上都能够兢兢业业地对待工作，用敬业实践着自己的忠诚，体现着自己的价值。是金子总会发光的，忠诚敬业的员工也一定会在竞争激烈的职场上脱颖而出。

忠诚是员工敬业工作的内在动力，只有忠诚于自己公司的员工，才会兢兢业业、尽职尽责，才会精益求精、追求完美；只有忠诚，员工才会把敬业作为自己工作的准绳，才能为企业创造出更大的效益。从这个意义上来讲，忠诚永远是企业生存和发展的精神支柱，是企业的立足之本。对公司忠诚就是要有敬业精神，尽职尽责地工作。

不仅如此，敬业还能够让员工的才华有一个施展的天地，享受公司给自己带来的利益。忠诚、敬业的人能从工作中学到比别人更多的经验，而这些经验是他们提升自己能力的宝贵助力。忠诚能够使人敬业，而敬业精神又能够使人更容易成功，这就是忠诚的力量。无论在何时，员工只要忠诚地对待公司，用敬业精神对待自己的工作，那么即使你的能力一般，也能赢得公司的尊重和认可，获得更多的回报。

成功的精髓在于敬业，敬业源自忠诚的召唤，而卓越的成就需要敬业来造就。敬业是实践我们忠诚的方式，也是我们实现成功梦想的重要途径。因此，我们在职场上，需要认认真真地对待自己的工作，忠于自己的工作和公司，用敬业精神实践我们的忠诚，提升自己的个人价值。

尽职尽责，忠于职守

对待任何工作岗位都要做到忠于职守、尽职尽责。

在职场上，总有一些员工不安于自己的岗位，对待工作挑三拣四，喜欢找那些简单轻松的工作来做，却将那些复杂困难的工作留给别人。他们并不是做不了，而是不愿意去做，这种做法很明显不是工作能力的问题，而是工作态度的问题，说到底这还是对自己的工作忠诚度不高的一种外在表现。

对待任何工作岗位都要做到忠于职守、尽职尽责。在职场中，企业最欣赏的就是那些能用务实的态度来坚守自己的岗位并能脚踏实地对待工作的员工。对于老板来说，这样尽职尽责、忠于职守的员工是一笔最宝贵的财富，是推动企业不断发展壮大的中坚力量，他们愿意给予这些员工更广阔的发展空间和更多的晋升机会。

一个寒风呼啸的傍晚，一身戎装的约克中士正急匆匆地赶路。当他经过一座美丽的公园时，一个神色焦虑的中年人拦住了他的去路："对不起了，先生，请问您是位军人吗？"

约克中士愣了一下，然后他回答道："噢，是的。请问我能够为您做些什么吗？"他以为发生了什么严重的事情，这位中年人才向他寻求帮助。

这个人向他解释说，他一直在等军人路过这座公园。因为他刚才在公园里游玩时，看到一个小男孩一直在哭，就问他为什么不回家？结果那个小男孩说，他跟一群孩子玩站岗的游戏，他演一位站岗的士兵，没有命令是不能离开岗位的。但是天已经快黑了，公园也要关门了，还是没有人来命令他停止站岗。于是，他就一直在那儿等着。

约克中士不解地问道："天马上就要黑了，还刮着大风，他为什么不直接回家呢？和他一起玩的那些孩子呢？"

那个中年人告诉约克，现在公园里空荡荡的，和他一起玩的那些孩子大概都回家了。他劝说那个孩子回家，但是那个孩子说，站岗是他的责任，他要坚守岗位，没有命令不能回家。中年人这才想起要找一位军人帮忙。

于是，约克中士和这个人一起来到公园，看到了那个坚守岗位的小男孩。约克中士走过去，敬了一个军礼，说道："你好，下士先生，我是约克中士。我现在命令你结束站岗，立刻回家。"

"是，中士先生。"小男孩高兴地说，然后向约克中士敬了一个不太标准的军礼，撒腿就跑了。

约克中士对这位中年人说："他是一个称职的军人，很值得我学习。"

坚守自己的岗位，做好本职工作，是一个人最基本的职业道德，也是最起码的职场标准。无论你是领导还是普通员工，无论你是学富五车的大学教授还是目不识丁的农民；无论你是将军还是士兵，只有尽善尽美地完成本职工作，才算是称职。

这位小男孩的站岗"工作"原本是个游戏而已，甚至可以说是没有什么实际意义的。但他却坚持接到离开命令才肯回家，哪怕和他一起玩这个游戏、命令他站岗的小伙伴把他给忘了。这种坚守岗位、尽职尽责的精神，令人尊敬和感动。试问：假如你是老板，这样的员工你能不喜欢吗？

在企业中，总有一些岗位是大部分人不喜欢去做的，这些岗位要么是脏、累、差的体力劳动，要么是技术含量低的重复性工作，还可能是难度系数太大的"硬骨头"。对这样的工作，很多人都是避之唯恐不及。但工作总要有人来做，因此当这种任务落到一些人头上时，他们就非常不情愿地去应付了事，而不是本着尽职尽责、忠于职守的态度去尽心尽力地完成。

任何一个公司里的工作都是有轻重缓急、简单复杂之分的，假如遇到不喜欢的工作就没有人去做了，那么这个工作怎么才能完成呢？这个时候，如果领导把任务交给了某个员工，那么这项工作就是必须要做的。既然如此，何不忠于职守，尽职尽责地把它做好呢？

无论做什么工作，我们都应该尽职尽责，忠于自己的职守，用心做好每一件工作。要知道，你把忠诚和责任花在什么地方，你就会在那里看到成绩。尽职尽责、忠于职守，你的行为就会受到上司的赞赏和鼓励，就能在平凡之中孕育出伟大。

有时候老板让你做一些小事，其实是为了锻炼你做大事的能力。让你在苦、累、难的岗位上摸爬滚打，是为了考察你有没有尽职尽责、忠于职守的优秀品质，这才是领导的初衷。那些能够服从工作分配，忠于职守、尽职尽责的员工会给领导留下顾全大局、能吃苦耐劳、扎实用心的印象，从而为自己的升迁之路奠定坚实的基础。

忠诚的员工不会因为工作岗位的不同而采取不同的工作态度，无论困难还是容易，复杂还是简单，他们都会用同样的忠诚和责任感去面对。忠诚决定着员工的工作态度，一个对工作岗位做不到忠于职守，面对困难就退缩的员工如何能得到企业的信任呢？同样，一个只会做简单容易工作，从来都不敢挑战困难的员工也不可能取得真正的成功。老板怎么可能对这样的员工委以重任呢？

事实上，如果要想在职场上获得发展的机会，就不能急功近利、过于浮躁，要踏踏实实做好现在的工作，即使是普通平凡的工作也要全心全意付出，忠于自己的工作岗位，在工作中不断积累自己的经验，提升自己的能力，增长自己的学识，为自己以后在职场上的飞跃积蓄力量。

第四章　责任面前要结果：
真正做到对结果负责

> 工作就是不断发现问题，分析问题，解决问题。做一个负责的员工，首先要做一个"问题终结者"，以结果为导向，真正做到对结果负责。

突破 1% 的差距才是完美

99% 不等于完美。

在工作中，我们常常会听到这样的说法："我是个新手，把活儿做成这样就不错了。""这套模具加工完成后，跟图纸要求的误差很小，也算可以了。""今天加工了 300 个零件，才出了 10 个次品，在车间里我是技术最高的了，哈哈！"

在数学上，如果 100 分是满分，那么差一分就是 99，这也是响当当的高分了；但是在工作中，有时候仅仅差一分结果却等于 0。在客户服务中有这样一个公式：99% 的努力 +1% 的失误 =0% 的满意度。也就是说，纵然你付出 99% 的努力去服务于客户，去赢得客户的满意，但只要有 1% 的失误，就会令客户产生不满；如果这1%的失误，正是客户极为重视的，就会使你前功尽弃，以往99%的努力将付诸东流，最终失去这个客户。

99%不等于完美，企业要想在商场上无往而不利，个人要想在职场上脱颖而出，就不能满足于99%，不能忽略那个看起来微不足道的1%。这个1%，或许正是平庸与精英、失败与成功之间的根本区别。

摩托罗拉公司历来非常注重产品的质量，力求使自己的产品达到零缺陷。为此，公司派出了很多考察小组，学习各个工厂的先进经验，并且雇用了一批专门"吹毛求疵"的人来对产品质量进行严格把关，结果使产品合格率达到了99%以上。很多人都觉得可以了，但摩托罗拉高层仍不满意，他们继续想办法提高。

后来，公司高层给所有的摩托罗拉员工都发了一张小卡片，上面标示着公司的新目标：今后公司所生产的手持设备的合格率要达到99.997%。包括他们公司的某些员工在内，很多人认为这是一个不可能完成的任务。

为此，公司专门制作了一盒录像带，解释为什么99%的合格率仍然达不到要求。录像带里说明，在美国，如果每个人都满足于自己的工作成果达到99%的要求，而不是追求更高，那么：

每年大约会有11.45万双不成对的鞋被船运走；

每年大约会有25077份文件被美国税务局弄错或弄丢；

每年大约会有2万个处方被误开；

每天大约将有3056份《华尔街日报》内容残缺不全；

每天大约会有12个新生儿被错交到其他婴儿的父母手中。

更严重的是，如果是对于将性命托付给摩托罗拉无线电话的警察而言，1%的产品缺陷率也许恰恰是致命的危害。

摩托罗拉人都被深深震撼了，他们带着强烈的责任感继续努力地工作着，终于超越了这个接近完美的99%。高品质的产品还使得摩托罗拉减掉了昂贵的零件修复与替换费用，仅此一项就节省了数额庞大的资金。

后来，摩托罗拉还获得了一个在美国企业界深孚众望、含金量巨大的奖项——美国国家品质奖，对于这个奖项，摩托罗拉是实至名归。

不论是个人还是企业，如果满足于99%的工作成绩，那么就会把自己放在一个看似很美实际上却很危险的境地里，那个被忽略的1%也许正是压垮骆驼的最后一根稻草。只有不满足于99%，才能激发出更大的潜力，才是真正对工作结果负责任。

摩托罗拉在产品合格率达到99%的时候，没有满足，而是提出了更高的目标。摩托罗拉人用自己的责任感和使命感造福了社会，同时自己也获得了丰厚的回报。

工作上每个人的岗位虽然有所不同，职责也有所差别，但任何工作对责任和工作结果的要求都是一样的。每个老板也都希望自己的员工能够把工作做到完美，而不是躺在99%的功劳簿上睡大觉。1%的差距绝不是一步之遥，而是发展与没落的分水岭。那些卓越的精英与普通员工之间的差别，往往就在于这个微不足道的1%。他们绝不会满足于把工作做到99%，他们追求的是完美无缺的工作结果，是最大化的工作业绩。

第二次世界大战中期，美国伞兵在战争中扮演了重要角色。当时，为了提高降落伞的安全性，美国空军军方要求降落伞制造商必须保证100%的产品合格率。但是降落伞制造商一再强调对于工业产品来说，99.9%的合格率已经够好了，任何产品也不可能达到100%，除非这项工作由上帝来干。

军方非常愤怒，因为0.1%的缺陷率就等于说，每1000个士兵中就有可能有1个士兵为此付出生命代价，这对数量庞大的美国伞兵而言，意味着大量鲜活生命的消失。于是，在交涉不成功的情况下，美国军方决定从每一周交货的降落伞中随机挑出一个，让降落伞制造商负责人穿上，亲自从飞机上跳下，来检查产品质量。

奇迹发生了，从此以后，降落伞的合格率竟然突破了那个微小的0.1%，达到了100%。

只有在体会到了切实的生命威胁之后，厂商才终于意识到100%合格率的重要性，才激发出真正的责任感，从而创造了奇迹，为盟军的胜利做出了巨大的贡献。

不怕做不到，就怕想不到，或者虽然想到了但是没有足够的责任感，而不去做。毋庸置疑，满足于99%的工作态度，经常会使工作中的诸多努力化为乌有，导致失败。这与完美的工作结果之间隔着一条巨大的鸿沟。只有对待工作永不止步，追求完美，才是真正负责任的态度；也只有拥有这样的责任感，我们才能最大限度地激发自己的潜能，突破自己的瓶颈，使自己的能力和业绩更上一层楼。

那些以做到99%为满足的员工，他们的责任心是远远不够的。不能把任务做到完美，也就不会得到老板完全的肯定和信任，也绝不会有太大的成就。其实，很多人距离成功只有一步之遥，总过不去1%这个坎，就总是山重水复。只有真正做到对结果负责，把工作做到完美，才能在职场的转角处，见到柳暗花明。

做一个"问题终结者"

遇到困难不推脱、不畏惧,让问题终结在自己的手上。

美国总统杜鲁门是个对工作要求很高的人,他在办公桌上贴了一张纸条,上面写着"Book of stop here"。在美国拓荒时代,有个传水桶的活动,水源离用水地有一定的距离,需要靠传递水桶来运水。后来人们就把这种传递引申为"把麻烦传给别人"。而"Book of stop here"翻译成中文就是"问题到此为止"。这就意味着:我来承担责任,我来解决问题。

责任感是一个人不可缺少的职业精神,而责任的核心就是解决问题。大多数情况下,人们乐于解决那些比较容易的事情,而把那些有难度的事情推给别人,这就是对待自己的工作不负责任。要做一个真正负责任的员工,就要让问题到你这里终结。

一个人在职场中的价值体现在他解决问题的能力上。一个责任感强的员工是为公司和老板解决问题而存在的,而不是面对问题束手无策,关键时刻掉链子、吃闲饭的。

李嘉诚先是在茶楼做跑堂的伙计,后来应聘到一家企业当推销员。他认为,一个推销人员最重要的就是不论遇到什么困难,都要千方百计地把产品推销出去。

起先，他推销的产品是镀锌铁桶。当时，这是个竞争激烈的行业，绝大多数推销员都紧盯着那些小杂货铺，为了增加业绩绞尽了脑汁却收效不大。李嘉诚没有被困难吓倒，他以极大的责任心激励自己开拓思路，终于想出了办法：把推销重点放在大酒店和中低收入阶层的家庭之中。直接向大酒店推销可以使这些酒店节约成本，而且送货上门的服务也省了他们很多麻烦。因此，他很快拿下了这个市场。对于那些中低收入家庭，他独辟蹊径地专门向那些老太太推销。因为老太太喜欢串门唠家常，只要有一个买了，她们就会自动宣传，拉一群人来买。果然，这一方式也取得了巨大的成功。

后来，李嘉诚改销塑料产品，仍然把解决问题当作自己的核心责任。

有一次，李嘉诚去写字楼推销一种新式塑料洒水器，一连走了好几家都无人问津。他没有向老板诉说这份工作是多么困难，而是更加积极地动脑筋想办法去解决问题。

后来他到一家办公大楼的时候，恰好遇到清洁工正在打扫卫生，他看到楼道里有些灰尘很不容易清理，于是灵机一动，没有直接去推销产品，而是用自己的洒水器主动帮清洁工把水洒在楼道里。

经他这样一洒，原来脏兮兮的楼道一下变得干净了许多。这一做法无声地宣传了自己的产品，起到了很好的效果。结果引起了采购人员的兴趣，一下子向他采购了十多台洒水器。

后来老板在考察他的推销业绩时发现，他的业绩竟然是第二名的七倍！

任何人的成功都不是偶然的，在成功光鲜的表面背后，他们自有其成功所必需的职业素质。就像李嘉诚一样，这些成功的人能够做出不同寻常的成绩，是因为他们对工作充满责任感，对自己严格要求，遇到困难不推脱不畏惧，积极主动地去努力，去寻找解决问题的办法，并最终让问题终结在自己的手上。

因此，如果我们在工作中遇到不容易解决的问题，千万不要急着推给同事或领导，要勇于承担，把这些困难当成一种难得的经历、一笔宝贵的财富，好好利用，以负责任的心态要求自己必须解决它。在面对困难时，我们往往能开动脑筋，发挥出更大的潜力，获得更快的进步，这无论对企业还是对个人，都是很有意义的。

职场是一个竞争激烈的地方，也是一个充满机遇的所在。我们要想在这样的状态下取得成功，就一定要有一份强烈坚定的责任心。面对工作中的任何问题都要做到不悲观，不抱怨，不退缩，不放弃，积极主动地去解决，力求得到完美的工作结果。

北宋时，京都汴梁的皇宫遭遇火灾，大量官殿被焚毁。

当时的皇帝是宋真宗，他严令大臣们必须在一个月内修复宫殿，否则就会重重责罚。在当时的情况下，这个修复工程有三个不利因素：交通不便、时间紧迫、工程量大。几乎所有的大臣都认为无法如期完成，而抗旨的下场是相当可怕的，大家都非常着急。

这个任务不仅关系到乌纱帽，还牵扯到身家性命，很多大臣都不愿意接这个烫手的山芋。最后，丁谓决定解决这个难题。

他命人先把皇宫前的大街挖成一条宽阔的深沟，然后利用挖出来的土烧制成砖瓦，这样就解决了建筑材料的问题；又把京城附近的汴河水引入深沟，做成了一条运河，用船把建筑材料直接运到工地，解决了运输问题；等新宫殿建成以后，又把建筑废料填入深沟，修复了原来的大街。

这一方案一举解决了建筑材料、运输和清理废料三个问题，如期完成了官殿的修复工作。皇帝大加赞赏，丁谓也就更加受到重用了。

在职场上，老板总是喜欢那些不畏困难，勇于担当的员工。如果我们遇到困难就把它推给自己的老板，那么老板就不用做别的了，整天跟在我们后面收拾残局好了。员工在自己的岗位上遇到的困难，都是自己职责范围之内的，我们有责任在自己的岗位上解决它，不能把问题推给别人，拖累整个团队，不然，迟早会失去自己的位置，被别人取而代之。

松下电器创始人松下幸之助说过这样一句话："工作就是不断发现问题，分析问题，最终解决问题的过程。晋升之门将永远为那些随时解决问题的人敞开着。"

员工的职责是为企业创造效益，只有把岗位上遇到的问题彻底解决，才能更好地为企业贡献力量。老板看中的是工作结果，而不是过程，如何解决问题正是员工的责任所在。责任的核心是解决问题，我们要做一个负责任的员工，要成长为一个成功的职场人，就要牢记这一原则，并在工作中不折不扣地实践它，做一个"问题终结者"。

罗马不是一天建成的

> 不积小流，无以成江海。

很多人都期待着在职场上大展拳脚，恨不得一夜之间就做出一番事业来。这种热情和理想是很好的，但是要想成功，需要我们负责任地把手头的每一件工作都踏踏实实地做好，一步一个脚印地去实践自己的职业理想。罗马不是一天建成的，升职加薪也不是天天都有机会，要想在职场上出人头地更不是一朝一夕之功。

不积跬步，无以至千里；不积小流，无以成江海。自古以来，人们都强调做事要脚踏实地、知行合一。很多时候，人们都习惯把负责变成空谈，不能脚踏实地地去做事。无论是企业的成功还是员工个人的成长，光有空想或者口号，或者仅仅有一个负责的要求是不行的，要达成目标，要做到对工作真正负责，就必须从脚踏实地开始。

在肯德基准备进入中国市场之前，公司首先派了一位代表来中国考察市场。他来到首都北京之后，看到街道上人头攒动的热闹场面，顿时信心大增，仿佛看到了肯德基进入中国市场之后财源滚滚的美好前景。因此，他没有再去做细致的调查工作，就认定这个巨大的市场必将适合肯德基的发展。

带着这份美好的想象，他马上回到公司向上级描述了这个巨大市场的美好前景。但是，上司仔细询问了他的工作情况之后，明白了他并有做出详细缜密的调查，因此，还没等听完汇报就停了他的职，而且另派了一位代表来接替他。

新代表是一个脚踏实地的人，他来到北京之后，进行了大量的实地走访。他先在几条主要街道观测了人流量，之后，他还请不同年龄、不同职业背景的人对他们公司的炸鸡进行品尝，并详细询问了他们对炸鸡的味道、价格等各方面的意见。

除了这些工作，他甚至还对貌似跟他们不相干的北京的油、面、蔬菜、肉等生活日用品进行了广泛的调查，走访了许多生产鸡饲料的厂家询问价格和销售情况，最后他将这些非常翔实的数据做成报告带回了总部。

根据这些资料，公司有针对性地制订了进军中国市场的计划，然后让这位代表带领一个团队回到北京。从此，肯德基打开了中国这个巨大的市场。

肯德基要打入中国市场，光有大口号、大志向是不够的，首先要做好前期的市场调查工作。这个工作的重要性不言而喻，可以说考察结果直接决定着公司的战略方向和经营计划。因此，脚踏实地地获得真实有效的各种数据资料就成为考察代表最重要的责任。

虽然两位代表的任务都是考察市场，为肯德基进入中国市场提供参考资料，但是在对待自己的责任时的表现却有很大差别。第一个代表只是满足于看到了表面现象，并未实实在在进行细致考察，就兴高采烈地回复上司去了；而第二个代表则踏踏实实地去行动，从而圆满完成了自己的任务，做到了真正地对工作负责。

一个人在职场上到底能够走多远，能达到什么样的成就，归根结底还是要靠自己。不要迷信什么奇迹，未来就掌握在脚踏实地做事的人手中，一步一个脚印地对待自己的工作是对负责最好的注解。万里长征需要一步步去丈量，要想取得出色的成绩，要想在职场路上走得更远，我们就要脚踏实地，用负责的态度和工作成绩为我们的成功奠定基础。

有些人在工作中很有创意和能力，但是缺乏务实的精神。他们无法沉下心来做好手头的每一件事情，总是停留在纸上谈兵的阶段，不能把责任实实在在地完成，幻想着一步登天。这样的人非常可惜，他们虽有成功的头脑和能力，却缺乏成功所必需的责任心和脚踏实地的工作态度。所以，他们的理想注定只是永远捞不起来的水中之月。

很多企业在车间或者办公室的墙壁上张贴着各种各样的口号，但是，有多少员工按照这些口号的要求踏踏实实去做了呢？员工们对待工作流于形式的应付，不过是使这些口号成为一种讽刺罢了。不能踏踏实实做事的企业和员工，早晚要在竞争激烈的社会中黯然落幕。

杰克·韦尔奇是通用汽车集团原董事长兼CEO，他被誉为"最受尊敬的CEO""全球第一CEO""美国当代最成功最伟大的企业家"，成为职场和商场上神一样的人，被许多人崇拜着。

2004年在北京举办的"杰克·韦尔奇与中国企业高峰论坛"上，一位中国的企业家曾这样问杰克·韦尔奇："我们大家知道的都差不多，但为什么我们与你的差距那么大？"

杰克·韦尔奇的回答是："你们知道，但是我做到了。"

这个答案简单得出人意料，但却道出了成功的真谛：负责不仅需要知道自己的责任，更要脚踏实地地去做！

在工作中只有把负责落到实处，踏踏实实地用实际行动把口号变为现实，才能真正尽到自己的岗位职责，为企业创造价值。如果每一个员工都能在自己的岗位上真正负起责任来，脚踏实地地把工作做好，何愁工作没有业绩，何愁公司没有效益，又何愁自己在职场上没有前途呢？

在企业中，能够脚踏实地工作的员工更有责任感，他们对工作和公司的负责是能够真正付诸行动的。只有有这样务实的工作态度，才能用积极的心态面对工作中的各种困难，不论事情简单还是复杂，都能抛弃浮躁、摒弃幻想，一丝不苟地去完成工作，始终坚定不移地向着自己的职业目标迈进。这样的人必然能够享受到实现自己职场理想后的快乐。

昨日的奖状，今日的废纸

能为企业赚钱的人，才是企业最需要的人。

在工作中，有这样一种现象：老板安排差不多的工作给两位员工去做，其中一位每天起早贪黑，连周末都不休息，弄得心力交瘁，但是结果却不尽如人意；另外一名员工，从来不需要加班加点，每天工作效率很高，对工作游刃有余，总是能给老板交上一份满意的答卷。如果你是老板，在需要提拔一位员工让他承担更大责任的时候，你会选择谁呢？

对于任何一位员工来讲，你口头上无论是多么负责、多么敬业，如果你的工作业绩是零，那么你就是一个不合格的员工。

在工作中，负责永远不是一句空洞无物的口号，业绩就是责任的标尺，员工的一切都要用它来衡量。同样，对每个人的职场生涯来说，任何大的成就，都是你每天的业绩累加的结果，如果没有业绩，就没有大的成就。所以，在工作中，我们要懂得一个基本道理：只有业绩才是衡量我们责任的标准。

张瑞敏经常说一句话："能者上，庸者下，平者让。"在海尔这个企业里，不看重学历、关系和情面，也不讲过去的成绩。不论过去为海尔发展做过多大贡献，包括"海尔功臣"和跟张瑞敏一起"打天下"的那些元老，只要不能胜任今天的工作，就会被无情地淘汰。

每年年终，总有一部分主管因完不成工作任务而被免职，又总有一批超额完成任务的新秀走上领导岗位，这在海尔司空见惯，大家也已习以为常。比如，2002年度干部综合考核结果：升迁27名、轮岗9名、整改4名、警示2名、降职3名、免职1名。整改、警示、降职、免职的干部占总数的11%，干部调整的总数占管理层总人数的51%。

张瑞敏认为，不论是对待公司元老还是刚入职的年轻人，提高他们的工作业绩，增强他们的竞争力，就是对他们最好的照顾。

"昨天的奖状，今天的废纸"，海尔人不欣赏昨天的荣誉和脚印，不讲关系，个人收入和升迁只与业绩相关联，一律用业绩这把尺子来衡量。

无独有偶，微软也是一个完全以业绩为导向的公司，实行独树一帜的达尔文式管理风格："适者生存，不适者淘汰。"用处处以业绩论成败的方式自动选择和淘汰员工，不断地裁掉最差的员工，是微软的一贯做法，只有那些业绩突出的人员才能被留下来，得到晋升。

微软公司从来不以论资排辈的方式去决定员工的职位及薪水，员工的提拔升迁取决于员工的个人成就。在微软，一个软件工程师的工资可以比副总裁高。

微软还采取定期淘汰的严酷制度，每半年考评一次，并将效率最差的5%

的员工淘汰出去。自1975年以来，微软一直保持了很高的淘汰率，这使得他们留下的员工都具有很强的竞争力。他们这种制度使整个企业保持了强大的活力。

在这个竞争激烈的社会，公司作为一个经营实体，必须靠利润维持生存与发展，利润是每个企业的原始推动力，因此员工的责任就是努力提高自己的业绩，为企业创造利益和价值。而企业最看重的也是员工业绩的大小。如果员工没有做出业绩，就是没有尽到为公司创造效益的责任，就是在拖公司后腿。就算你是企业的元老，或者持有博士的高学历，老板也会为了企业的利益而舍弃你。

事实上，世界上所有成功的企业，都会把业绩作为责任的标尺，把业绩作为自己考核员工能力的标准。无论你做的是什么工作，无论你的职位高低，都要通过业绩来体现你的责任。

普布利乌斯·埃利乌斯·哈德良是古罗马的一位皇帝，是古罗马历史上"五贤帝"之一。他手下有一位跟随自己多年的将领，但是战绩平平，一直没有得到他的提升。

有一次，哈德良又提升了一群将领，但又没有他，这位将军觉得他应该像别人一样得到晋升，于是便在皇帝面前提起这件事情。

"我应该升到更重要的位置，"他说，"因为我经验丰富，参加过十次以上的重要战役。"

哈德良皇帝是一个对人才有明确判断的人，他并不认为这位将军能够胜任更高的职位，于是他指着拴在木桩上的驴子说："亲爱的将军，好好看看这些驴子，它们至少参加过20次战役。"

比尔·盖茨说："能为企业赚钱的人，才是企业最需要的人。"企业要发展，需要团队中的每个员工都尽到自己的责任，创造良好的业绩。因此，无论从事哪一行都必须用良好的业绩来证明你是企业的珍贵资产，证明你可以帮助企业赚钱，而不是吃闲饭滥竽充数的。

从另一个角度来讲，员工只有通过完成自己的责任为企业创造价值，企业有利润产生，他才能获取相应的报酬。业绩跟个人的所得有着直接联系，没有人会注意员工工作过程的酸甜苦辣，荣誉和回报只会给那些创造业绩的功臣，良好的业绩就是尽到责任的最好证明。谁为企业创造的业绩多，谁的薪水就高，得到的机会就多。

业绩不仅跟员工个人的所得息息相关，更是提升企业竞争实力的途径，是决定企业兴衰成败的关键！业绩是责任的标尺，是良好职业精神的体现，是个人在职场上顺利发展的保障。因此，员工要想得到老板的认可和赏识，获得加薪、升职等诸多待遇，在职场立于不败之地，实现自己的个人价值，就必须把努力创造工作业绩当作神圣的职责，当作自己的责任标尺，解决好工作中的各种问题，拿出过硬的业绩，为企业创造良好的效益。

做一颗履行职责的螺丝钉

对结果负责到底，才是真正的负责。

人们常说："种瓜得瓜，种豆得豆。"责任和结果之间也存在着这种关系，种下责任的种子才能保证收获理想的结果。责任保证结果，责任确保业绩。因此，在工作中，我们要尽到自己的责任，一切以实现预定的结果为最终目的。

一名员工如果懂得了这一点，就会在工作中承担起责任，以实践自己的职责，保证工作结果。这样既能为企业发展贡献出自己的最大力量，也能体现自己的最大价值，获得更多的成功机会和更广阔的发展平台。

美国有一家很出名的咨询公司，他们经常在世界各地举办演讲活动。在演说家演讲之前，公司会安排专门人员把有关演讲者本人和演讲内容的材料及时送达听众手中。

有一次，公司同时在芝加哥和得克萨斯举办演讲活动，主管分别安排了安妮和琳达负责两地演讲材料的邮寄工作。

安妮接到任务以后，提前六天就联系了联邦快递公司，她还亲自核对了收件人的地址、联系方式还有材料的数量，并亲自包装好了材料，选择了适当的货柜。她认为这样做肯定是万无一失了，自己已经很负责任了，按照联邦快递公司的惯例，材料将比预定时间提前两天送达。

但是，她遗漏了一点，没有向联系人确认材料是否已经送达。结果，这些材料被联系人的女佣像对待平时收到的那些无用的广告宣传材料一样，扔进了垃圾桶。

去得克萨斯演讲的彼得接通了助手凯特的电话，说："我的材料到了吗？"

"到了，我三天前就拿到了。"凯特回答说，"负责邮递您的材料的是琳达，她打电话告诉我听众可能会比原来预计的多100人，不过她已经把多出来的也准备好了。"

因为允许有些人临时到场再登记入场，因此琳达对具体会多出多少人也没有清楚的预计，为保险起见她决定多寄了400份，并且告诉凯特，如果演说家有别的什么要求，可以随时打电话找到她。这让演说家非常满意。

安妮虽然也做了大量的工作，付出了不少努力，但是就因为没有打个电话确认一下，就让前面的工作付诸东流了，没有完成任务，一切努力都是白费。

而琳达知道要对自己的工作结果负责，她知道结果才是工作的最终目的，把演说家的材料及时准确地送到他的手中，这才是她的职责、她要追求的目标。达不到这个目标，她的责任就没有完成。

工作中每一个老板都希望自己的员工能够像琳达那样有责任感，在工作中对结果负起责任，将问题圆满解决。有些人虽然也做了不少工作，付出了不少汗水，但是没有结果的工作其实是无效的，是没有价值的，无法为企业带来效益。只有对所做工作的结果负责，才能确保每一次任务、每一个行动都具有实际效用和价值。

在这个世界上,每个人都扮演了不同的角色,每一种角色又都承担了不同的责任。从某种程度来说,对角色的演绎就是对责任的完成。作为企业的一名员工,理所当然地要去承担自己工作岗位上的责任,保证自己的工作结果。可以说,在职场中,对结果负责同时也意味着对自己的未来负责。

责任保证结果,责任确定业绩,对结果负责到底,才是真正的负责。任何一个成功的企业或个人,虽然成长的历程不同,但是有一点是共同的,那就是对结果负有强烈的责任感。

海尔电冰箱厂有一个五层楼的材料库,这个材料库一共有 2945 块玻璃,如果你走到玻璃前仔细看,你一定会惊讶地发现这 2945 块玻璃每一块上都贴着一张小纸条。

每个小纸条上印着两个编码,第一个编码代表负责擦这块玻璃的责任人,第二个编码是谁负责检查这块玻璃。

海尔在考核准则上规定:如果玻璃脏了,责任不是负责擦的人,而是负责检查的人。也就是说,擦玻璃的人只管擦玻璃,而负责检查的人要对玻璃干净这个结果负责。

这就是海尔 OEC 管理法(又称为"日清管理法")的典型做法。这种做法将工作分解到"三个一",即每一个人、每一天、每一项工作。

海尔冰箱总共有 156 道工序,海尔精细到把 156 道工序分为 545 项责任,然后把这 545 项责任落实到每个人的身上。

在海尔,大到机器设备,小到一块玻璃,都清楚标明责任人与负责检查的监督人,都规定着详细的工作内容及考核标准。只要每一个人都完成了自己的小责任,那么整个团队的大责任也就很好地完成了,公司确定的大目标也就得到了实现。

海尔这种做法的好处在于，每一个人都有明确的责任，都有明确的结果需要去达成。正是这些一个个不起眼的小责任，保证了海尔能实现自己的大责任，从而成长为一个非常成功的企业，收获累累果实。

企业就像一部巨大的机器，螺丝钉有螺丝钉的责任，发动机有发动机的责任，尽管它们的岗位不同，但是责任却不分大小，发动机坏了机器自然无法运转，但是一颗不起眼的螺丝钉如果出了问题，同样也会带来巨大的危害，可能导致整部机器报废。

一个小数点位置不同，就能带来跟结果十倍甚至南辕北辙的偏离；一丁点儿的不负责，就可能使企业蒙受巨大损失；而稍微加强一点责任心，就可能为一个公司带来腾飞的契机。因此，责任对结果的意义重大。对结果负责是每一名员工必需的职业精神，如果一个员工放弃了对公司的责任，也就意味着放弃了在公司中获得更好发展的机会。

因此，我们在职场上要想获得更好的发展，让我们的人生价值得到提升，要想为企业创造更大的效益，获得更大的发展平台，我们就需要用责任实现完美结果。

第五章　责任面前要细节：
让责任体现在细节中

> "差之毫厘，谬以千里"，任何细节或者小事，都会事关大局，牵一发而动全身。成也小节，败也小节。小节，是理念，是态度，更是责任。把责任体现在细节之中，这样才能成就大的事业。

成也细节，败也细节

注重小事，用强烈的责任心去关注工作中的每一个细节。

在日常工作中，很多人往往不拘小节，对于细节问题不屑一顾，面对老板的批评，他们常常搬出"成大事者不拘小节""大礼不辞小让"等说辞为自己开脱。殊不知，见微知著，责任恰恰是体现在细节方面的，对于那些"大事"，人人都看得见、都重视，看不出责任心的差别，而那些能够注重细节的人，才是真正做到负责的人。

老子的《道德经》有言："天下难事，必作于易；天下大事，必作于细。"细节是人们工作中最容易忽略的部分，但它往往对结果有着至关重要的影响。

在责任的落实过程中，细节是决定成败的关键，甚至可以毫不夸张地说，成也细节，败也细节。

在工作中注重小事和细节，让我们的责任体现其中，正是我们在职场上不断进步，不断提升自己所必备的素质和能力。或许我们的工作性质不同，忽视细节带来的危害大小也有不同，但是有一点是共通的，忽视细节最终必然导致事业的失败，导致人生贬值。

密斯·凡·德罗是20世纪世界最伟大的建筑师之一，在被要求用一句最简练的话来描述自己成功的原因时，他只说了五个字："细节是魔鬼。"一个成熟的职场人士必须善于把握细节对细节负责。"千里之堤，溃于蚁穴"，要知道，很多时候正是那些毫不起眼的细节，决定了事情最终的结果。忽视细节会使你错失成功的机会，甚至付出惨痛的代价。

在职场上，不管员工有多么宏伟的计划或者多么高远的理想，如果对细节的把握不到位，就不能成长为一名精英。在工作中，任何一个人都有自己的职责范围，有些人负责一些比较重要且引人注目的工作，也有些人负责一些不被重视的小事，但是无论大事小事，都有必须注意的细节，成大事也要拘小节。

是否关注细节说明了一个人对待工作的态度是否端正。在我们的现实工作中，总是有一些忽略细节重要性而敷衍了事的做法，对自己的要求不够高，对细节的要求不够精细。要知道，细节决定工作的品质，"细节决定成败"，不关注细节，不把细节当成重要的大事去负责，就无法保证取得理想的结果，也就很难获得职场上的成功。

工作虽然有大小，但是责任却不分轻重。如果你能重视工作岗位上的每一个细节，它就能成为注入成功沧海的那一条细流；如果你不重视它，它就是造成淹没一切的洪水中的那一滴雨水，将你淹没在失败的深渊之中。

士兵在战场上忽略细节可能会丢掉性命；飞行员在天空中忽略细节可能会导致飞机失事；建筑师忽略细节可能会使摩天大楼坍塌……在职场上行走，任何忽略细节、不负责任的行为都可能为自己酿造一杯毒酒，把自己美好的职业理想葬送掉。要想让自己在职场上顺利成长，逐步把自己的职业理想变成现实，就要注重小事，用强烈的责任心去关注工作中的每一个细节。

一步一个脚印，把责任体现在细节中

小节，是理念，是态度，更是责任。

有些人在职场中不注意小节，不修边幅，他们认为小节无伤大雅，这种认识其实是非常错误的。比如说，有人在洽谈业务的时候吞云吐雾，毫不顾及别人的感受；有人在出席正式场合的时候打扮得像个街头小混混；还有人不分公私，总把办公室里的一些小东西随手带回家，当然这些东西都是有去无回……这些不良行径必将影响个人在职场上的发展。

刘备在《敕后主刘禅诏》中说："勿以恶小而为之，勿以善小而不为。"说的是做人的道理，同样也是职场上的道理。于细微处更能够看到一个人的真实素质，所以，有些小节还是很有必要注意一下的。

那么，什么算是职场上的"小恶"呢？那些看似不起眼，却对工作产生或明或暗的不良影响的行为就是"小恶"。

谭建华是一家五金销售公司的业务部经理，在工作中，他是个"不拘小节"的人。

一天，一位非常重要的客户要带着助理来他们公司洽谈业务，恰好老板提前有事出去一会儿，就吩咐谭建华先接待一下，重要的事情等他回来再说。

谭建华在跟对方交换名片的时候随随便便，他还自以为是地讲了一个笑话：话说，有两个人甲和乙一起用名片打牌，甲打出了总经理；乙说，管上，然后打出了总经理秘书。甲就很疑惑地问，为什么你的秘书能管我的经理呢？乙说，我这是女秘书。

本来这也就是一个笑话，放在别的场合也许还能活跃一下气氛，但是此次陪同这位老板来的助理恰巧是一位女士。她想："你这不会是影射我的吧？"于是心生不悦，连带着对他们公司的印象也大打折扣。

老板回来之后，双方洽谈完业务，于是派谭建华去给客户买点纪念品，然后送客户去机场。谭建华在选购纪念品时，特地私自给自己的老婆带了一份，而且把费用开在了公司的在发票里，而他跟营业员之间的谈话又不幸地被客户的助理听见了。

结果，那位客户回去跟助理商量之后，觉得这家公司风气不正，公司的业务经理缺乏起码的职业素质，于是决定放弃跟该公司合作的计划，最终把订单交给了另外一家公司。

老板百思不得其解，本来谈得好好的，怎么顾客又变卦了呢？他不知道的是，一笔大生意，就毁在了谭建华的"小节"上。

小节伤大雅，很多大事的失败，起因都是那些微不足道的小节。大哲学家伏尔泰曾经说过："使人感到疲惫的不是远处的高山，而是鞋里的一粒沙子。"而那些容易被我们忽略的小节，就是我们行走于职场上的鞋子里的那一粒沙子，无法攀上高峰，就是因为这些沙子禁锢了我们前进的脚步。所以，不要因为恶小而为之。工作中的许多非常小的不良习惯都可能会给我们的职业生涯带来巨大的危害。

在职场中，我们要尽量养成一些好的习惯。即使这些好习惯是一些不起眼的小事情，最终也会带给我们一些意外的收获。一个灿烂的微笑，一个微微鞠躬、双手递接名片的小动作，一句真诚的谢谢，一次体贴入微的行程安排……种种细节都有可能触发职场中意想不到的契机，成为撬动地球的那个支点。这些小细节所带来的好处往往不是特别明显，但是一点点积累起来，就很可能使你在职场上不知不觉地建立起巨大优势，从而改变你整个的人生轨迹，让你的事业从此走向成功的辉煌。

在职场上，很多人已经明白了小节的重要性。就连很多还没有正式进入职场的年轻人在面试之前都会做好充分准备，保持自己的服饰整洁得体，对着镜子精心"演练"自己的一言一行，防止因自己的不修边幅而遭到拒绝。所以，在职场上摸爬滚打了很长时间的成熟的职场人，就更要注意小节，让自己的责任体现其中了。

小刑是一家摄影器材公司的工作人员，他每次给客户服务的时候，都很负责任，会注重一些细节。

比如，给客户安装调试设备时，他总是戴上一次性的塑料手套，以防手印留在上面。同时他还特意将服务卡上的售后电话用笔勾出来，让客户一眼就能找到，而且总是在后面附上自己的个人电话，以便客户能够随时找到他。

公司并没有要求小刑一定要这样去做，但他却很细心地考虑到了，而且养成了这个好习惯。时间长了，那些老客户都非常喜欢小刑，每次都直接打电话找他。就这样，小邢成了客户和领导眼中的"红人"，不久便被老板提拔为客户经理。

小节之中蕴含着成功的机会，许多大的成绩都是从做好一点一滴的小事开始的。所以，工作中，我们一定要有一种强烈的责任感，用做大事的心态去对待工作中的小节，重视身边的每一件小事。

反思一下，你对待细节够不够重视？比如，你有没有在书桌上把文件摆放得乱糟糟？你有没有边上班边吃零食的习惯？你有没有在别人面前发对老板的牢骚？这些小节都是不好的习惯，应该加以重视，尽量避免。

注重小节，不仅是一种理念，也是一种工作态度，更是一份职业责任。在工作中，我们不要放纵自己，不要忽视那些小节，要从点点滴滴做起，一步一个脚印，把责任体现在细节之中，这样才能成就大的事业。

因此，要担负起自己的责任，做好自己的工作，就需要我们从注重小节做起，勿以恶小而为之，勿以善小而不为，让我们的责任在小节中得到完美体现。

工作中没有孤零零的责任

任何细节或者小事，都会事关大局。

很多时候，人们往往只是把注意力放在一些大事上，却忽略了一些小事。等到工作结果出现了巨大的偏差以后，才懊悔地想起："哎呀，我要是把那件事做好，结果就不会是这个样子了。"可惜，世上没有卖后悔药的。其实，这样的结果就是因为没有认识到责任之间的联系导致的。

任何事物都不是孤立的，人离开了社会这个群体很难生存。也许有人会说："野人不也活得好好的吗？"但野人也不是孤立的，他也需要空气、食物、水等其他事物。对于我们的工作来说也是如此。一件事情搞砸了，原因绝不仅仅是孤零零的，通常大事没做成，肯定是之前的小事没有做好。

一只小小的蝴蝶在赤道附近轻轻扇动一下翅膀，就可能在南美洲掀起一场飓风，这就是人们常说的蝴蝶效应。它告诉我们：事物和工作的各个环节之间存在着一定的联系，责任之间不是孤立的，小事的结果决定着大事的成败。

1485年，英国国王查理三世准备在波斯沃斯和兰凯斯特家族的里奇蒙德伯爵亨利展开一场激战，以此来决定由谁统治英国。

战斗打响之前，查理派马夫去给自己的马钉好马掌。马夫发现马掌没有了,于是,他对铁匠说:"快点给它钉掌,国王希望骑着它打头阵。"

"我需要去找一些铁片,"铁匠回答,"前几天,因给所有的战马都要钉掌,铁片已经用完了。"

"我等不及了,你快一点。"马夫不耐烦地叫道。

于是,铁匠把一根铁条弄断,作为四个马掌的材料,把它们砸平、整形之后,用钉子固定在马蹄上。然而,钉到第四个马掌的时候,他发现少一个钉子。

铁匠停了下来,他要求马夫给他一些时间去找颗钉子。

"我等不及了,军号马上就要吹响了。"马夫急切地说,再一次拒绝了铁匠的要求。

"没有足够的钉子,我虽然也能把马掌钉上,但是马掌就不能像其他几个一样那么牢固了。"铁匠告诉马夫。

"好吧,就这样!"马夫叫道,"快点,要不然国王会怪罪我的。"

于是,铁匠便凑合着把马掌钉上了,第四个马掌少了一颗钉子。

战斗开始以后,查理国王骑着这匹战马冲锋陷阵,带领士兵迎战敌军。突然,一只马掌脱落下来,战马跌倒在地,查理也被掀翻在地上,受惊的马爬起来逃走了。国王的士兵跟着溃败,亨利的军队包围了上来,把查理活捉了。

查理不甘地大喊道:"马!一匹马,我的国家倾覆就因为这一匹马啊!"

其实,他不知道的是,真正的原因是第四个马掌上缺失的那颗小小的钉子。

从那时起,人们就传唱这样一首歌谣:"少了一颗铁钉,丢了一只马掌。少了一只马掌,丢了一匹战马。丢了一匹战马,败了一场战役。败了一场战役,失了一个国家。"

一个帝国的存亡竟被一颗小小的钉子左右了，这深刻地演绎了蝴蝶效应的威力。查理三世失去国家，这是个巨大的事件，但是责任的源头竟是马夫不肯给铁匠一点时间去找颗钉子。后人无不为查理三世国王扼腕叹息，当初那个失职的马夫也会为此懊悔至极吧，可惜，历史已经改写，再也无法挽回了。

在职场上，员工一定要记住，没有孤零零的责任，大事跟小事之间存在着必然的联系，尽不到对小事的责任，就会影响大事的效果。中国有一句古话，叫"差之毫厘，谬以千里"，讲的是任何细节或者小事，都会事关大局，牵一发而动全身，对工作的最终结果产生影响。所以，我们的工作责任感需要体现在工作的各个环节之中。

1961年4月12日，苏联首先将人送上太空；1969年7月，美国率先实现人类登月。四十多年来，虽然参与载人航天研究的国家越来越多，但在世界上还只有美、俄能够独立开展载人航天项目。

然而，我国"神舟"系列飞船的相继成功发射，标志着中国载人航天事业取得了重大进展。在"神舟"成功的背后，火箭是最基础的部分，一旦这个系统发生了问题，一切将灰飞烟灭。火箭从基座到顶端，需要坐电梯跨越7个楼层。它长达58.3米，直径2.25~3.35米，起飞总质量为580多吨，身上装有四万多只元器件，价值约两亿元人民币。

很难确切统计，共有多少人参与到长征火箭的设计和生产中。如果算上生产元件的90多个厂家，恐怕不下10万人。这是一个多人协作、环环相扣的巨大工程。

尽管其中某一个人能起到的作用微乎其微，但只要有一个人有一点疏忽，就可能给火箭乃至整个航天系统带来灭顶之灾。但是，我们的火箭从没有发生过事故，正是每一个人对待工作的认真负责，每一个环节都尽到了自己的责任，这才创造了属于我们中国人的骄傲，神话故事中的传说在我们手中变成了现实。

现在社会分工越来越精细，我们的工作也不是孤零零存在的，而是越来越联系密切。同样责任之间也是环环相扣的，对于一项巨大的工程来说，哪怕看似跟它关系不大的一个细微之处，也可能会成为影响其成败的关键。

"蝴蝶效应"告诉我们，任何事物都是有联系的，工作中也没有孤零零的责任。一只蝴蝶扇动那美丽漂亮的小翅膀可能成为毁灭性龙卷风的源头，类似的事情可能也会在我们身上发生，我们在职场上一次无足轻重的不负责任，可能导致一项宏伟工程的破产，而我们如果对每一件手头的小事都能认真负责，那么万里长征的军功章上也必然会有我们的名字。

只要我们能够对工作中的每一件事情认真负责，无论我们的任务是大是小，也无论岗位看上去是重要还是无关痛痒，只要我们尽到责任，都必然会使得以后的结果向着好的方向发展。只要我们把每一件小事做好，就能成就大事。

客户的每件小事都是大事

只要是关系到客户的事情就没有小事。

当今社会竞争日益激烈,商场就如战场一样残酷。企业或员工稍有懈怠,便有可能被超越或者淘汰,成为"沉舟侧畔千帆过"里的那只沉船,眼睁睁地看着别人成功,自己品尝失败的苦果。

"客户是上帝"不是一句空洞的口号。要想始终赢得客户的青睐,为企业争取最大的利益,就要用负责的心态为客户解决一切问题。哪怕是客户自己都不是特别在意的小事,你也要放在心上,及时地发现并解决。只有这样,企业才能站稳脚跟,逐步发展,而你才能得到更多的发展机会。

企业的发展状况与员工个人的利益和发展密切相关。为此,每个员工都要清楚:关注小事是自己应尽的责任,只要是关系到客户的事情就没有小事,对自己的岗位负责任就是要把客户的事情解决好。

1971年,伦敦国际园林建筑艺术研讨会上,迪士尼乐园的路径设计获得了"世界最佳设计"称号。当时迪士尼乐园的总设计师是格罗培斯,迪士尼的路径设计获奖后,许多记者去采访这位大名鼎鼎的设计师,希望他公开自己的设计灵感与心得。格罗培斯说:"其实那不是我的设计,而是游客的智慧。"

迪士尼乐园主体工程完工后，格罗培斯对于路径的设计一直心存担忧，因为他看到了太多的公园里立上"禁止踩踏"的牌子而毫无效果，游人照样会选择他们最方便的路径去穿越草坪。因此，他必须设计出最能切合游客心意的路径。

格罗培斯最后终于想出了办法，让游客自己决定行走的路线。于是，他宣布暂时停止修筑乐园里的道路，接着指挥工人们在空地上都撒上草种。等小草长出以后，乐园宣布提前试行开放。

五个月后，乐园里绿草茵茵，但草地上也出现了不少宽窄和深浅不一的小径，那是蜂拥而来的游客们踩踏出来的。格罗培斯马上让工人们根据草地上出现的小路铺设人行道。就是这些由游客们自己不知不觉中用脚步"设计"出来的路径，在后来的世界各地的园林设计大师们眼中成了"幽雅自然、简捷便利、个性突出"的优秀设计，也理所当然被专家们评为"世界最佳"。

除了格罗培斯，迪士尼乐园的其他设计师也同样把游人的要求放在第一位，把最完美的艺术品呈现给他们，细节之处绝不放过。

比如，在动物王国的很多道路设计中，他们用混凝土来塑造泥泞的碎石小路，正如他们在去非洲旅行时所见的真实场景。但是乐园里会有大量的人和车辆经过，因此用真实泥土的想法被否定了，而显眼的灰色混凝土会让人感觉单调并显得格格不入。所以他们把混凝土表面染上颜色，加一些辅料，并印上车辙和曲线，使之看起来像条布满痕迹的泥路。

因为以前从未有人想过要让混凝土看起来像泥巴，所以他们去跟混凝土制造商讨论产品。他们做了大量的抽样调查以确保达到预期效果，并使用巴士轮胎在公园里轧出车辙。

类似地，为了避免游人进入特定区域的栅栏也被反复斟酌，钢铁或者竹木做成的围栏会给游客带来隔阂感。"我们可以用断壁残垣、一棵倒了的大树、一辆废弃的吉普，这些东西都能用作屏障。"另一位设计师 Larsen 说，"一些最困难的问题，最后我们却处理得丝毫不露痕迹。"

迪士尼乐园的设计完全考虑到了游客的需要，不论是行走路线的方便快捷，还是心理上的密切而无隔阂，他们都十分细心地做了最完美的处理，真正把游客当成了上帝。哪怕最微小的地方，他们也认真负责地解决了。对待工作和客户如此地负责，迪士尼的成功自然也就没有什么意外了。

现代社会商品以及各种服务已经非常丰富，除了一些垄断行业，顾客基本上拥有自主选择的能力。现在的顾客往往会货比三家，比质量比服务，你不能让他称心如意，他是不会在你这里浪费一毛钱的。所以，如何赢得顾客的青睐，是任何一个企业都不敢忽视的问题，从很大程度上来讲，顾客决定着企业的发展前景，间接或者直接地影响着员工的利益。

员工如果能够做到对工作认真负责，无论大事小事都能为顾客着想，热情主动地帮助顾客解决问题，那么他的收获绝对不止是赢得了这一个客户。美国著名推销员乔·吉拉德在商战中总结出了"250定律"。他认为每一位顾客身后，大体有250名亲朋好友。如果您赢得了一位顾客的好感，就意味着赢得了250个人的好感；反之，如果你得罪了一名顾客，也就意味着得罪了250名顾客。

只要员工能够本着认真负责的态度对待顾客眼中的小事，把它当作自己工作中的大事积极主动地去解决，那么成功就可能会不期而至。反之，如果对待顾客遇到的事情不以为然，总是强调"不就是这么一件小事吗"、"有什么大惊小怪的，这种事情我见得多了！很正常"，敷衍你的客户，最终你将尝到自己亲手种下的苦果。

某橱柜品牌由经营医疗器械起家，在其发展过程中，曾发生过这样的事：有一天，医院和经销商突然纷纷退货。

通过追查，这些不合格的产品竟然只是因为一个生产线上的工人粗心大意，他把器械的正负极装反了。这本来是非常容易纠正的问题，然而，让人没想到的是他下一道工序的工友虽然知道他安装反了，但因为事不关己，也就任其发生了，没有提醒他。就这样，产品从生产线上生产出来，后来到了客户手上，客户又退了货，最终又回到了自己的手上。

把产品的正负极装反，貌似是一件小事情，但其产生的严重后果成了一件大事，致使企业的品牌和声誉大受影响。如果医院没有发现这个问题而用在患者身上，那后果就更可怕了。那位没有及时纠正同事犯错的员工看似不值得一提，但这种对企业利益漠不关心的员工怎么会受到重用呢？

绝不能忽略工作中的任何小事。任何小事处理不好，都可能给企业造成不可挽回的损失，酿成令人惋惜的大错。对待小事认真负责，是成就大事不可缺少的基础。要想在职场中发展，就要对每一件小事认真负责，担负起自己的责任，做好自己的本职工作，把顾客眼中的小事都当成关系企业生死存亡的大事来做。

摒弃"差不多"心态

"差不多"的工作态度是不负责任的表现。

胡适先生曾经写过一篇《差不多先生》，里面的主人公常常说："凡事只要差不多，就好了。何必太精明呢？"他小时候，把白糖当作红糖买来；上学的时候，把山西跟陕西混为一谈；做伙计记账的时候，常把"十"字当成"千"字；到后来他病得要死，家人跟他一样，把兽医王大夫当成给人治病的"汪大夫"，结果生生把他医死了。临死的时候，他还觉得其实死人跟活人也差不多。

我们读到这个故事，多半会一笑置之，把它当作一个笑话而已。其实，这种"差不多"先生，在现代职场中也不少见。有些人只管按月领饷，不问贡献，只是做一天和尚撞一天钟。比如，去参加展销会，他们觉得晚到十分钟跟早到十分钟其实差不多；一份企划方案，他们觉得旺季和淡季差不多；一份报价单，他们觉得预计10%的利润跟11%的利润也没多大差别……把事情做得"差不多"成了他们的行为准则。

每个企业和组织里都可能存在这样的员工，这些人有一个共同点，那就是做事不够精细，或者说责任感仍然不够强。他们每天上班迟到个三分钟五分钟，好像也不是什么大错，他们很少能够按时到达工作岗位开始工作；他们每天忙忙碌碌，却不愿精益求精，把工作做到位。在职场上，"差不多"先生永远只能做跑龙套的配角，而只有那些对工作做到精细到位的人才能成长为企业的中坚力量，得到重用。

野田圣子曾经在日本东京帝国饭店打工，她的第一份差事是清洗这家饭店的厕所。

圣子从小没干过家务又特别爱干净，因此，在洗厕所时她实在难以忍受那种气味，尤其是用她细嫩柔滑的手拿着抹布去擦拭马桶时，近距离的接触让她胃里翻搅，几乎要呕吐出来。

圣子哭过，她几次想放弃，然而好胜心又驱使她坚持下去。

这时，有一位前辈出现了，他看出了圣子的烦恼。于是，他没有多说一句话，而是给圣子做起了示范：他一遍一遍地刷着马桶，不放过任何一个角落，他对马桶的专注就像是对待初恋情人一样，这让圣子非常惊讶。

这位前辈的清洁工作完成之后，从马桶里盛了一杯水，然后毫不迟疑地一饮而尽。这个举动让圣子彻底震惊了。他告诉圣子，这就是"光洁如新"，新马桶里的水自然是干净的，所以只有马桶的水达到可以喝的洁净程度，才是真的把马桶抹洗得"光洁如新"，而不是差不多干净了就行了。

从此，圣子认识到工作本身并无贵贱，责任的真谛就是把每一个细节、每一件小事情都做到位，做到极致。

后来，饭店的高管来验收圣子的工作时，圣子在众人面前舀起了一杯马桶里的水喝了下去。圣子大学毕业后，顺利地进入帝国饭店工作，还成为该饭店最出色的员工。

圣子在37岁时步入政坛，在小泉首相的任内被任命为日本内阁的邮政大臣，而她总是以帝国饭店时的工作为荣，在对外自我介绍时，总会说："我是最敬业的厕所清洁工，也是最忠于职守的内阁大臣。"

每个人的职业道路都要靠自己来走，要留下自己不可磨灭的脚印到达成功的终点。这一切不是靠你的高学历，也不是靠你显赫的家世，而是靠你对工作负责敬业的态度。只有不满足于把事情做到差不多，而是用十二分的责任感对待十分的工作，把工作做到极致，你才能如圣子一样，成为职场上令人瞩目的风景。

"差不多"的工作态度是不负责任的表现，其结果是工作马马虎虎，敷衍了事。"差不多"说明的问题不在于"不多"，而是"差"，就是没有做到位。持有"差不多就行，何必太认真呢"这种工作态度的员工不仅使自己的工作做不到位，还会阻碍企业的发展。

"差不多"，其实差得很多。竞技场上，冠军与亚军的区别，有时候小到肉眼无法判断。比如短跑，第一名与第二名有时可能相差 0.01 秒；又比如篮球比赛，胜利者和失败者有时候仅仅是一分之差。

有一天，著名雕塑家米查尔·安格鲁在他的工作室中向一位参观者解释，他一直在忙于上次这位客人参观过的那尊雕像的完善工作。他告诉参观者自己在哪些地方润了色，使那儿变得更加光彩，怎样使面部表情更柔和，使嘴唇更富有表情，去掉了哪些多余的线条使那块肌肉显得更强健有力，使全身显得更有力度。

那位参观者听了不禁说道："但这些都是些琐碎之处，不大引人注目啊！"雕塑家回答道："一件完美作品的细小之处可不是件小事情啊！"正是对细节和小事做到极致，才成就了这位伟大的艺术家。

无独有偶。画家尼切莱斯·鲍森画画有一条准则，即把细节都做到位，追求极致。他的朋友马韦尔在他晚年时曾问他，为什么他能在意大利画坛获得如此高的声誉？鲍森回答道："因为我从未忽视过任何细节，我总是用做大事的心态去对待身边的每件事情。"

有的人每天擦六遍桌子，他一定会始终如一地做下去；但有的人一开始会按要求擦六遍，慢慢地他就会觉得五遍、四遍也可以，最后索性不擦了。每天工作欠缺一点，天长日久就成为落后的顽症。这句话道出了职场上那些失败者失败的原因，值得我们职场上的每一个人警醒。

在职场上，这种"差不多"的心态要不得。每个人都要在工作中不折不扣地尽到自己的责任，不能满足于"差不多"，哪怕只差一点点，也是对工作的不负责任。因为说不定哪一天，这一点点就会变成压垮骆驼的最后那根稻草，使我们与成功失之交臂。所以，坚决不要做"差不多"先生，要做就做"精益求精"的"完美"先生。

第六章　责任面前要超越：
成为组织里最受欢迎的人

一个负责的员工，不仅能够努力完成本职的工作，还能主动承担职责以外的工作，工作中顾全大局，自动自发。只有不断承担更多的责任，才能不断超越，提升自己的价值，使自己不断成长。

摒弃"事不关己高高挂起"的心态

如果你是一块金子，那么只有承担更多的责任，才能磨砺出更耀眼的光芒。

许多人满足于把老板交代的事情办好，把自己分内的事情办好，认为这样就是一个优秀的员工了。其实，做好自己的分内工作是一个职员应该承担的基本责任，但要想超越责任做到卓越，仅仅满足于承担分内的责任是不够的。

在职场中工作，不要把老板交给自己的任务作为标尺，否则会限制了自己的主动性和积极性，把自己关在"分内"的牢笼里，这样既不利于自己的成长进步，也不利于企业的发展壮大。

任何一个有进取心的人，都不会介意在做好自己分内事情的同时，尽自己所能每天多做一些分外的事情。一个优秀的员工，只要与工作相关，只要事关公司利益，无论是分内的还是分外的工作，都会努力做好，从不去计较自己额外的工作会不会得到相应的报酬。然而，付出总有回报，他们多做了一些事，多给公司创造了效益，最终他们会得到比他人更多的成功机会。

邢志东刚刚毕业就来到一家机械加工厂工作，他的任务是制图。但他常常在完成了自己的制图工作之后去车间做些力所能及的事情，以争取尽快地熟悉整个生产工艺和流程。

工作了一个月之后，他发现压铸车间生产的产品存在一些微小的瑕疵：很多铸件内部存在小米粒大小的气泡。如果不加以改进的话，客户很快就会因发现这些瑕疵而大量退货，这样工厂将会有很大的损失。

于是，他找到了负责操作压铸机的工人，向他指出了问题。这位工人却说，自己是遵照工程师的要求严格按照规范动作操作的，如果是压铸技术有问题，工程师一定会跟自己说的。但是现在还没有哪一位工程师质疑他的操作技术，所以他认为自己的工作是不存在任何问题的。

邢志东只好又找到了负责技术的工程师，对工程师提出了他发现的问题。工程师很自信地说："我们的技术是经过专家指导和多次试验的，怎么可能会有这样的问题？"工程师并没有重视他说的话，转而就把这件事抛到了脑后。

但是邢志东认为这是个严重的问题，于是拿着有气泡的产品找到了公司的总工程师，结果总工程师只看了一眼，就发现了问题。但是，他考虑了一会儿，也没想出到底是哪里出了问题。于是，他请邢志东跟他一起检查一下整个生产流程。

总工程师带着邢志东来到车间，从原料冶炼开始检查，最后发现，原来是压铸机的一段液压油管有渗漏的现象，从而导致压力下降，使产品内部出现了微小的气泡。更换了油管之后，产品果然没有瑕疵了。

经过这件事情之后，总工程师马上提拔邢志东做了自己的助手。邢志东从一个小小的制图员一下子成了厂里的骨干人员，有些人觉得他不就是发现了一个气泡吗，用得着这么小题大做吗？结果总工程师不无感慨地说："我们公司并不缺少工程师，更不缺少制图员，但是我们缺少的是主动去做分外工作的员工。邢志东在完成自己的本职工作以外，还能发现产品问题，这个问题连本应该负责技术监督的工程师都没有发现。对于一个企业来讲，能主动承担分外事情的人才，是值得我们大力培养的。"

但凡有大成就的人都存在着一个共同的特点，那就是拥有强烈的责任感，不仅不满足于仅仅做好自己的本职工作，还总是积极主动地去承担起更多分外的事情。正是因为有了这种责任感，他们的能力才会得到快速提高，他们发挥自己才能的平台也不断得到扩展。这些能够主动承担更多责任的人也必然能够成为组织欢迎的人，在工作中获得更多的发展机会。

能力永远需要责任来承载，只有主动承担责任，才华才能够更完美地展现，能力才能更快地提升，才能赢取更多的发展机会。如果你是一块金子，那么只有承担更多的责任，才能磨砺出更耀眼的光芒。

雅雯在一家外企担任文秘工作，她的日常工作就是重复地整理、撰写和打印一些材料，枯燥而乏味。但是，雅雯还是很认真地对待自己的工作，丝毫没有掉以轻心，也没有觉得这份工作没有任何乐趣和前途。

雅雯由于整天接触公司的各种重要文件，她就有意识地关注自己工作以外的事情。后来她发现公司在一些运作方面存在着问题。于是，除了完成每日必须要做的工作，雅雯还开始搜集关于公司操作流程方面的资料，并做出了一份更加合理完美的操作流程建议提交给了老板。

老板详细地看了一遍这份材料后，对这个建议非常地赞赏，并很快在公司里实行。这一流程大大提高了公司的运作效率，同事们对雅雯也是刮目相看。

不到一年的时间，雅雯就被任命为老板的助理。遇到什么大的事情，老板总会征询雅雯的意见，并让她参与决策，对她十分倚重。

责任感是最能激发个人潜在能力的灵丹妙药，责任感也最能帮助人们培养克服困难的勇气和解决问题的能力，使人不断地挑战自我，积极主动地开展工作，出色地完成各项工作任务，给自己创造更广阔的职场空间。

在某些员工的印象里，工作好像有分内和分外的差别，他们满足于做好自己的分内之事，分外的事情从来都是"事不关己，高高挂起"。其实，工作责任是没有严格界限的。

真正负责任的员工总是善于承担分外的事情，他们认为这是自己该做的，自己有义务为团队贡献更多的力量。正是这种责任感成就了他们努力拼搏的进取心与积极高涨的工作热情。在老板眼中，这样的员工是物超所值的，当更多的机会来临时，老板是不吝于优先考虑他们的。所以，在职场上行走，要勇于承担分外的工作，让金子的光芒更加耀眼，从而照亮自己的职场成功之路。

不做"按钮式"员工

"按钮式"员工是老板的包袱。

有这样一种常见的现象：不少员工都把老板放在了与自己相对的位置上，将工作和酬劳算计得一清二楚、明明白白，拿多少薪水就做多少事，不愿多付出一丝努力，不愿多承担一点责任，做一天和尚撞一天钟，从来不会给老板带来一点"惊喜"。

每名员工在团队中都承担着一定的工作。作为团队中的一员，应该想方设法地为团队多出一点力，多创造效益，成为团队中不可或缺的人才。只有做事超过老板的预期，才能得到老板的欣赏和团队的认可。如果对工作只是敷衍应付或者仅仅满足于做好分内之事，那么，由于你对团队的贡献不算大，因而也就算不上是不可替代的员工。

企业要生存发展需要靠员工不断地创造效益，需要团队成员之间团结协作。每个人都要竭尽全力为团队贡献自己的力量，只有整个企业发展了，个人才能得到更好的发展。

有一个女孩名叫张春丽，她19岁那年因家境贫寒而放弃了上大学的机会。为了改变家庭的经济状况，她只身前往深圳，投靠在深圳打工的表哥，成为中显微电子公司的一名普通女工。

张春丽是个不服输、不甘人后的女孩，她从走上流水线的第一天起，就暗暗告诉自己："过去不能改变，但一定要努力改变现状。""要做就做到最好，在什么岗位都要超过领导的期望！"她希望用自己的勤奋和责任赢得更广阔的发展空间，从而改变自己的命运。

她非常珍惜自己的工作机会，从没有因为自己从事的是一种简单劳动而放松自我要求。她用最短的时间掌握了流水线岗位的操作技能，遇到脏活累活苦活总是不等领导吩咐就主动承担，总是抢在同事们的前头。很快，张春丽吃苦耐劳、认真负责的工作态度，得到了公司领导和同事的认可。工作一年后，领导将其从生产流水线调入人事部门，实现了她职场上第一次"鲤鱼跳龙门"。

张春丽刚上任时，为了尽快适应岗位的需要，她每天都要加班到凌晨。她经常虚心地向同事和领导请教，前任主管时常在深夜还要被她电话"骚扰"。不久，她发现公司的薪酬制度不够完善，导致某些员工浑水摸鱼。于是，她编制完善了新的公司薪酬管理制度，重新建立了适应公司运营的薪酬体系；另外，她还根据公司运作的要求和外部市场行情，制订了对骨干员工的中长期激励计划。

新的薪酬体系有效地打破了该企业原来存在的平均主义大锅饭的单一分配体制，既照顾到了公司内部薪酬的阶梯性，让员工看到了希望，得到了激励，又保证了薪资水平的对外竞争优势。因此这项制度在公司当年的职工代表大会上获得一致通过，并在一年的实施中取得了明显的成效，给整个企业带来了可喜的变化，创造了巨大的效益。这让老板非常惊喜，从此对她更加信任和器重了。

张春丽的成功在于她能在自己的岗位上做出超出岗位职责的业绩，总是能超出老板的期望，给老板带来一个个惊喜。所以，当她为公司做出了巨大贡献的时候，她自己也赢得了先机和主动。

身在职场，绝不能做"按钮式"的员工，满足于老板安排做什么就做什么，老板要求做到什么程度就做到什么程度。真正聪明且有责任心的人，总是用比老板的要求更加严格的标准来要求自己。老板要他完成某项工作，他会比老板期望的做得更好，每次工作都给老板一个惊喜。这样的人往往都能够成为老板眼中有价值、有含金量的员工。当然，老板在适当的时候也会回报给他同样的惊喜。

某大型贸易公司要招聘一名员工，公司的人力资源部主管对应聘者进行了面试。他提出了一个看似很简单的选择题：

"天气非常干旱，老板安排你挑水上山一趟，去浇公司种下的果树，如果一次挑两桶水，你虽然能够做到，不过会非常吃力、非常劳累。如果只挑一桶水上山，你会很轻松地完成任务。你会选哪一个？"

许多人都选了第二个。

这时，人力资源部主管问道："虽然老板没有要求你一定要挑两桶水，但是既然你能挑两桶，干吗只挑一桶呢？你只挑一桶水上山，能够缓解果树的旱情吗？"很遗憾，许多人都没有想过这个问题，他们最终也没能通过面试。

人力资源部主管这样解释："一个人有能力或通过努力就能够做好超出自己责任的工作，可他却不想这么做，这样的人责任意识比较淡薄，不能为企业带来最大的效益。我们希望自己的员工都具有强烈的责任心，做出超出责任范围的业绩来。"

在任何一家企业，老板器重的都是那些能够做出不断超出他期望的业绩的员工，那些员工能够为企业带来更大的利益，能够为团队带来更强的战斗力。如果你现在还没有得到老板的器重，你应当问问自己："我有没有超过老板的期望？"

老板在为你安排工作时，一定会充分考虑到你的能力。如果你总是能超越老板的期望，不断带给他惊喜，那么在老板的眼中，你就是一个性价比高，有能力、有责任心的员工。对于这样的员工，他除了会给你高额的回报以外，还会创造种种条件，让你有更广阔的舞台发挥才能，为你提供更宽广的展示自己的平台。

着眼全局，树立主人翁意识

员工应该顾全大局，像老板一样思考问题，始终以团队的利益为先。

迈克尔·乔丹是 NBA 历史上最伟大的球员之一。他之所以伟大，并不仅仅是因为他有全面的技术和出众的个人能力；更为重要的是，他在赛场上能着眼全局，只要有利于球队的胜利，他就会毫不犹疑地去做，从不计较个人得失。可以说，正是他的这种着眼全局的精神和责任感，成就了他和芝加哥公牛队。

现代职场上，有很多员工就像球场上的某些球员一样，只想着个人得分，从而突出自己，只想着吸引老板的目光成为老板眼中的红人，而缺乏大局观和团队精神。其实，如果一个员工不顾大局，没有任何责任感，在工作中只顾表现自己，凡事都片面地从自己的角度出发，不能像老板那样着眼全局去考虑问题，那么他最终只能成为一个自私自利的人。

员工应该顾全大局，像老板一样思考问题，以团队的利益为先，不要把目光局限在自己的岗位责任上。只要有利于团队利益的事情，就要毫不迟疑地去做，哪怕自己会暂时为此吃点亏，或者受点委屈。其实从长远来看，你的超越责任的全局观，能使整个团队获得更大的成功，而团队成功是个人成功的前提和保障。

王慧由于学历不高，又没有什么特殊技能，于是选择了饭店服务员这个职业。在常人看来，这也许是一个最简单、最没有技术含量的职业，只要手脚勤快就可以了。王慧所在的饭店，有许多服务员已经在那里做了好几年，她们每天就是刷刷盘子、洗洗碗，客人来了不咸不淡地招呼一下，很少有人会认真投入这份工作。

可王慧并不这么想，她一开始就表现出极大的责任感，并且把饭店当成自己经营的事业来用心工作，处处站在老板的角度想问题。她以极大的热情投入工作，半个月之后，她不但能熟悉常来的客人，而且基本了解了他们的口味。只要这些客人光顾，她总是能够迅速热情地打招呼，并且协助客人点出他们喜欢的菜品，这一点赢得了顾客们的交口称赞。显然，她也为饭店增加了不少收益，饭店的生意明显比以前红火了许多。

由于王慧热情周到的服务，很多顾客都成了这家饭店的回头客。他们不仅自己光顾，还经常介绍朋友们过来。有时候，王慧要同时招待几桌的客人，却依然井井有条,一点都不手忙脚乱。

饭店的生意日益红火,老板自然明白是谁的功劳。在老板决定开一家分店的时候,明确地提出跟她合作,希望她作为分店的实际负责人。资金全部由老板出,而她将获得新店30%的股份。

现在,王慧早已不再是给老板打工的山村小姑娘,而成为了一家大型连锁餐饮企业的老板。

在现实工作中,很多员工只关注个人利益,只从个人角度考虑问题,很少能够着眼全局,用老板的眼光和思路对待工作。这样的做法其实很片面,因为把自己局限在打工仔的身份上,就会导致情绪消极,给企业和个人发展带来不利影响。想在职场上获得质的飞跃,就需要和老板进行"换位思考",把整个企业放在自己的责任范围之内,以促进整个团队的共同发展。只有这样,才能全心全意地做好每件事。

很多人抱着"反正整个团队的事情有老板操心,我只要做好自己的事情就行了"的思想,来对待自己的工作。其实,忽略全局,只盯着自己一亩三分地的岗位责任,就脱离了整个团队,是很难做出卓越成绩的。很多情况下,我们需要和老板进行"换位思考",试着站在老板的角度去思考问题,只有站得高才能看得远,也只有这样,我们的工作才更有前瞻性和指导性,我们才会成长得更快。

着眼全局,像老板一样思考,树立这种主人翁意识,并不是说所有人都可以成为老板,而是说员工要想在职场上发展,就要把工作当成事业来做,要有大局观,有团队精神。要知道,我们的工作并不是单纯地为了自己当老板,我们既是在为自己的饭碗工作,也是在为实现自己的人生价值工作。

老托马斯·沃特有一次在一个寒风凛冽、阴雨连绵的下午主持IBM的销售会议。老沃特在会上首先介绍了当时的销售情况，分析了市场面临的种种困难。会议从中午一直持续到黄昏，始终都是托马斯·沃特一个人在说，其他人则显得烦躁不安，气氛沉闷。

面对这种情况，老沃特缄默了10秒钟，待大家突然发现这个十分安静的情形有点不对劲的时候，他对大家说："我们缺少的是对全局的思考，别忘了，我们都是靠工作赚得薪水的。公司不仅仅是老板的，我们必须把公司的问题当成自己的问题来思考。"之后，他要求在场的人都开动脑筋，每人提出一个建议；实在没有什么建议的，可以对别人提出的问题加以归纳总结，阐述自己的看法和观点，否则不得离开会场。

结果，这次会议取得了很大的成功，员工们纷纷发言，站在老板的角度上思考问题。许多存在已久的问题被提了出来，并找到了相应的解决办法。

许多员工的态度十分明确："我是不可能永远给老板打工的。打工只是我成长的过程，当老板才是我成长的目的。"这是一种值得敬佩的创业激情，但是毫无疑问，作为一名员工，如果你不能着眼全局，不能站在老板的角度思考问题，那么当你真正做了老板的时候，你依然会欠缺这种大局观和团队精神。这些东西不是一个老板的身份能一夜之间赋予你的，而必须在你平时的工作中培养和积累。

工作中，无论你是普通员工还是高级主管，你都不可能在没有团队其他成员支持和帮助的情况下独立完成全部任务。如果你不顾大局，没有一点团队责任感，那么你只能停留在打工仔的认知水平和能力上，永远也不可能实现职场上的真正飞跃。所以，为了团队的整体利益，为了自己未来的发展，要努力培养自己的团队精神与责任感，要学会站在老板的角度上思考问题。

不断进步提升价值，故步自封易遭淘汰

在竞争激烈的职场中，就如逆水行舟，不进则退。

在职场中，每个人都在努力提高自己，以适应不断变化发展的职场环境，提高自己的竞争力，使自己在职场的激流中站得更稳，使自己在团队中的作用日渐重要。不断学习进步是我们在职场上生存发展的基本技能之一。

在工作中，每一名员工都应当自觉地学习新知识、掌握新技术，不断提升个人的工作能力，让自己更好地面对复杂和困难的局面，解决工作中出现的各种新问题。这是对企业的负责，也是对工作的负责。只有不断学习进步，才能胜任岗位的新变化和新要求，为企业和团队做出应有的贡献。

卡莉·费奥瑞娜女士是惠普公司前董事长兼首席执行官，她曾说："一个首席执行官成功的最起码的要素就是要不断学习。"她是这样说的，也是这样做的。

卡莉·费奥瑞娜的职业生涯是从秘书工作开始干起的，法律、历史和哲学方面的知识她都曾经学过，但这些并不是卡莉·费奥瑞娜最终成为首席执行官的重要条件，因为做惠普的首席执行官不懂技术是说不过去的，这些都需要通过学习来掌握。

在惠普，并不是只有卡莉·费奥瑞娜自己需要在工作中不断学习，整个惠

普都有激励员工学习的机制。惠普的员工每过一段日子就坐在一起做一次相互交流学习，以此来相互了解对方和整个公司的动态，了解业界的新动向。

最初，卡莉·费奥瑞娜也做过一些不起眼的工作，可是她无论做什么工作，都严格要求自己不断地学习进步。在这些岗位上，卡莉·费奥瑞娜以最大的热情和责任心在工作中最大限度地学习新的知识和技能。她不断地总结工作中的经验，对于新的环境和层出不穷的变化要不断地学会适应，不断总结过去的工作方法和效率，以便找出更佳的工作方法。卡莉·费奥瑞娜正是通过不断地努力学习，保证了自己与时代共进的步伐，并在工作中找到了充实自己、不断提升自身才能的方法。

卡莉·费奥瑞娜不是学习技术出身，在惠普这样的一家以技术创新领先于世界的公司中，她正是通过自己坚持不断地学习才能迅速有效地提升自我价值，并最终在人才济济的惠普公司脱颖而出，成为"全球第一女首席执行官"。

身为一名员工，在竞争激烈的职场中，就如逆水行舟，不进则退。若一名员工不能进步而只能依靠吃老本，不愿意主动替自己"充电"，不断提高自己的价值，那么他随时都有可能被淘汰。所以，不断学习是在对自己负责，只有不断增强自己的竞争优势，善于从解决问题中学到新本领，才能逐渐走向卓越。

我们在工作中，每天都会遇到新情况、接受新挑战、面对新事物，只有天天学习，才能天天进步，能力才会不断提升，个人才能不断"增值"。每一个员工都应该把学习作为自己的责任之一，只有不断提高自己的能力，才能为团队、为企业做出更大的贡献，才能创造自己职业生涯的辉煌。

在工作中，学习是非常有效的提高个人能力的方式，工作中遇到的所有的难题都可以成为"突破口"，解决问题的过程就是收获知识和技能的过程，慢慢地总结经验教训，工作能力就能得到大幅度的提升。

某企业有一名年轻的博士，对工作非常负责任，也为公司创造了巨大的效益。老板对他非常赏识，第一年就把他提拔为项目组负责人，第二年又提拔他为部门经理。

然而，当上部门经理以后，他似乎就满足于现状了。他想，就这样一直拿着高薪，待到退休似乎也不错。他在部门经理的职位上干了将近一年的时间，却没有一点像样的成绩。朋友善意地提醒他："应该上进一点了，没有业绩是危险的。你看别人都在进步，小心被同事超越了。"

没想到，他竟然说："我是公司里唯一的博士，别人再努力也赶不上我的。"

的确，他的文凭是公司里最高的，但是公司更看重的还是实际能力。别人都在进步，只有他还在原地踏步。又过了半年，公司里很多同事业绩都超过了他，而他毫不在意。终于，他接到了老板降职的通知。

一个人的工作能力是随着不断地努力学习得以提升的，无论现在的你处在什么职位或者哪个职业阶段，都必须坚持学习。即便你原本就有突出的能力，并且做出过出色的业绩，但一旦丧失了责任感和上进心，故步自封、满足现状，不思进取，最后也会被淘汰。

曾经有位记者问李嘉诚：从一个打工青年到拥有如此巨大的商业王国，靠的是什么？李嘉诚回答他，依靠知识。有位外商也曾经问过李嘉诚："李先生，您成功靠什么？"李嘉诚毫不犹豫地回答："靠学习，不断地学习。"

现代职场上如逆水行舟，不管你现在从事的是哪种行业，如果不能不断地学习进步，就意味着你将丧失续航的能力，意味着你将逐渐被掌握更多新知识和拥有新技能的人所取代。在激烈的职场竞争中，只有不断提升自我的人，才能具有高能力、高素质，才能不断获得并拓展生存空间。

在职场中生存，允许你没有高学历，也允许你在工作之初没有出色的能力，但绝不允许没有责任感，绝不允许在工作中贪图安逸、不思进取。因为学历和经历仅仅代表过去，唯有不断学习进步才能赢得未来。

"活到老，学到老"这句古训应该被拿来作为自己行走职场的座右铭，只有不断学习进步，掌握新知识、新技能，不断提高自己的职业水平，才能保持自己的竞争优势，保证事业之树常青。

责任心成就优秀员工

伟大的代价就是责任。

英国首相温斯顿·丘吉尔曾说："伟大的代价就是责任。"在政坛上如此，在职场上亦如此。可以说，一个人只有表现出高度负责的精神，才会赢得老板的赏识和重用。员工担当的责任愈大，取得的成功也就愈大。

如今，许多员工并没有完全认识到这一点，有些人甚至将老板放在和自己对立的位置上，把老板看作苦大仇深的"阶级敌人"，在工作中不愿多付出一丝努力，不愿多做一丁点儿事情，不愿意多承担一点责任。他们错误地认为，多承担责任只会"便宜"了老板，而不会为自己带来什么，自己只是白白"吃亏"。

其实，真正有责任心的员工不会怀有这样的想法，他们只会想到自己应当多承担一些责任。多承担责任不是犯傻，而是对老板和自己都有利的做法。很多人可能只看到了成功人士风光无限的一面，却不清楚他们为此担负了比他人更多的责任，付出了更多的努力和代价，才换来了今天的荣耀。

有两个年轻人小王和小张，大学毕业后他们同时进入一家民营企业工作。小王分在广告设计部门，小张则被安排在财务部门。

刚开始的时候，两个人的工作表现没有太大的差别，因为他们毕竟都是刚刚踏入职场，工作能力是差不多的。但是小王仅仅是循规蹈矩地完成上司交给自己的任务，就死活不再做哪怕丁点儿的事情了，结果给人留下了推诿、逃避工作的坏印象。而小张则总是在完成自己的工作之后，尽量自己找事情做。因此他经常忙得不可开交，而小王则优哉游哉地过着"滋润"的日子。

有一次，小张主动去帮小王所在部门的一名员工整理宣传材料，小王趁同事不注意的时候嘲笑小张："你真是个二百五，我跟他在一个部门都不帮他，你瞎操什么心啊？你多干了这么多活儿，有什么用，工资还不是跟我一样，整天累得要死，你图什么啊？缺心眼！"然而，小张只是笑笑，依旧主动做着他力所能及的事情。

半年之后，整个公司进行工作考核，小张的业绩大家都非常满意，在考虑培养新的干部的时候就连其他部门的很多员工都纷纷找到主管推荐小张。这让主管大为惊讶，于是他详细了解了小张平时的工作情况，果断地提拔他做了自己的副手。而小王因为平时总是只做自己手头上的事情，不肯多承担一点点责任，结果同事们对他都有意见，主管就很干脆地把他辞退了。

一个人能做出多大的事业，往往取决于他有多大的责任心。小张在工作中愿意承担更多责任，因而获得了更多的发展机会，而小王不肯多做一点事情，结果成了企业里多余的人。这就说明，一个人承担的责任越多，他的价值也就越大，得到的回报也就越多。反之，老板就会觉得这个员工价值不大，不会重视他，既然他不愿意承担更多的责任，那么有他没他都一样，那还养着这样的闲人干吗呢？

所以，我们每个人都要警惕，不要让自己成为不能承担更多责任的闲人而因此被老板扫地出门。在完成好本职工作后，问问自己："我还能承担什么责任？"然后，积极主动地为自己找事做，表现出自己拥有更高的价值，这样也会为自己带来更多的发展机会。

某天，艾伦所在公司的某位主管突然病了，丢下了一大堆没有处理完的事情进了医院。老板已经跟几个部门经理谈过这件事情了，想让他们暂时接管那个部门的工作，可他们都以手中的工作非常忙或者对那个部门的业务一点都不了解为由推辞掉了。

于是，老板问艾伦是否能够暂时接管这一工作。其实，艾伦也十分忙，尽管有些为难，但是他认为老板既然让自己承担这个责任，就是认为自己能够胜任，自己不过就是更加劳累一些罢了。因此，他当即接管了那个部门的工作。

整整一个月的时间，艾伦都忙得没有时间歇口气。但是，艾伦最终很好地承担起了这份责任，把自己的部门跟那个部门的事情都处理得井井有条。后来那位主管回来了，对艾伦非常地感谢，并且极力在老板面前夸奖艾伦对公司有责任心。

后来，老板要去开拓其他业务，就毫不犹豫地提拔艾伦做了总经理，全权负责原公司的一切事务。

很多时候，领导把你责任之外的任务交代给你，就代表领导器重你。这时候，千万不要推脱埋怨，这是一个不可多得的机会。如果你能达到老板的要求，相信你的分量就会在领导的心里加重；如果你用这样那样的借口拒绝承担，那么你在领导心里的印象就会一落千丈，即使有了升职加薪的机会，你还能指望他留给你吗？

当然，一个人担负的责任愈大，那么也就意味着付出就会愈多，这也是许多人不愿意担负更多责任的主要原因。还有一些员工，对自己的能力不自信，总觉得自己胜任不了。其实，人是在锻炼中成长的，只有不断承担更多的责任，才能不断地超越自我，提升自己的价值，使自己逐渐胜任更多的工作。

美国前总统肯尼迪有一句名言："不要问国家能为我们做些什么，而要问我们能为国家做些什么。"作为一名员工，我们也要明白同样的道理，要想着我们能为企业多承担一些什么，只有这样，才能更快地提高自己的职业能力，在机遇到来的时候才能不让它溜走。

下篇

胜在自控力：
管住自己，才能赢得世界

  一切优秀都源于自控力。要管人，先管己，管好自己，就赢得了一切。培养自己强大的自控力，更好地控制自己的思想、情绪和行为，在压力、困难面前游刃有余，成功地掌控自己的内心、言行、习惯，等等，就成功地掌控了自己的人生。

第七章　内心决定结果：
管好内心，由内而外控制自己

　　自控力是一种发自内心的力量。控制自己的言行、习惯、情绪，就要由内而外地进行调节。有自控力的人左右生活，缺乏自控力的人总被生活左右。掌控了自己的人生，才能掌控人生的方向。

你并非一无所有

你拥有的，也是他人所羡慕的。

　　生活中，有的人拥有令人羡慕的一切，却成天愁眉苦脸、牢骚满腹，好像自己是天底下最不幸的人；而有的人虽然几乎一无所有，却成天乐呵呵的，仿佛他们拥有令人艳羡的一切。所以说，幸与不幸，不是看你拥有多少，而是你内心的一种觉悟。它是一种感受，就像你感到幸福，你就是幸福的一样。

　　诚然，不是每个人生来就是百万富翁，生来就能才智过人，也不是每个人生来就有美好的家庭。可不论出身如何、资质如何，只有通过自身的奋斗去赢得成功、去赚取财富，才是真正的智慧，才是真正的成功。而我们自身就是一笔财富，我们自身的努力和智慧才是成功的支点，所以我们必须把握好自己，充满自信、自律自爱、自警自觉地去发挥自己的长处和优势，唯有这样我们才能更好地成就自己的事业。

一天，有一位叫胡里奥的人在河边散步，遇见了一位叫费列姆的年轻人。胡里奥见年轻人满面愁容、忧心忡忡，便关切地上前询问："忧郁的年轻人，看你这么健康、这么年轻，为何如此闷闷不乐呢？究竟有什么事情使你如此呢？"

费列姆看着好心的胡里奥，无奈地叹着气说："尊敬的先生，你看看我吧，我是一个名副其实的穷光蛋。我没有房子、没有钱，也没有工作，整天饥一顿饱一顿地度日。像我这样一无所有的人，甚至连一个遮风避雨的地方都没有。没有人瞧得起我，我怎么能不忧愁呢，怎么高兴得起来呢？"

胡里奥听完年轻人的话，开怀大笑起来。费列姆疑惑地看着胡里奥，问道："我都这个样子了，你还笑，是笑我真的没有用吗？"

"傻孩子，"胡里奥笑道，"其实，你应该开怀大笑才对。"

"开怀大笑？为什么？"费列姆不解地问。

"因为照我看，你是个百万富翁呢！"

"你在取笑我吧？"费列姆看着自己身上的破衣烂衫说，"我身上可是连一个子儿也没有啊，你就别拿我这个穷光蛋开心了。"费列姆不高兴了，转身欲走。

"我怎么会拿你寻开心呢？孩子，现在你能回答我几个问题吗？"

"什么问题？"费列姆有点好奇。

"很简单的几个问题。"

"只要不是拿我寻开心就行。"

"好的，"胡里奥说，"我问你，假如现在我出20万金币买走你的健康，你愿意吗？"

"不愿意。"费列姆摇摇头。

"好，我再问你，假如现在我出 20 万金币买走你的青春，让你从现在起变成一个小老头儿，你愿意不愿意？"

"当然不愿意！"费列姆干脆地回答道。

"好，我再问你，假如我现在出 20 万金币买走你英俊的相貌，让你从此变成一个丑八怪，你可愿意？"

"不愿意！当然不愿意！"费列姆的头摇得像个拨浪鼓。

"假如我再出 20 万金币买走你的智慧，让你从此浑浑噩噩度此一生，你可愿意？"

"傻瓜才愿意！"费列姆一扭头，又想走开。

"别慌，请回答完我最后一个问题，假如现在我再出 20 万金币，让你去杀人放火，让你从此失去良心，你可愿意？"

"天哪！干这种缺德事，魔鬼才愿意！"费列姆大惊失色地回答道。

"好了，刚才我已经开价 100 万金币了，却买不走你身上的任何东西，你说你不是百万富翁，又是什么呢？"胡里奥意味深长地微笑着说。

费列姆这才恍然大悟，他意识到自己并非一无所有，他有他自己，他自己的生命就是他的资本。他只是暂时缺少钱，除此之外什么都不缺。而有了自己身上的一切，钱是可以赚来的。他相信这一切都是暂时的，都是可以改变的。自此，他不再叹息、不再怨天尤人，他变得自信起来，开始了他的新生活。

由此可见，哪怕我们一无所有，只要我们还活着，我们就可以从头再来。要坚信可以凭借自身的实力来获得财富，改变自己的命运。

如果你能够成功地摆脱"对自身能力的怀疑",如果你一个人在做事时充满了自主性,你就能凭自己的勇敢和自信赢得别人的信任和喜爱,那么不管遇到任何困难,你都一定能克服,并最终获取成功。

通往成功的道路永远是畅通的,重要的是你要坚信自己就是最大的资本。每一个渴望成功的人都应该认识到,自身就是一笔宝贵的财富,而成功的种子就握在你自己手中。

不要抱怨自己一无所有、技不如人、生不逢时,哪怕你孑然一身,你都可以从头再来,因为你自身就是一笔宝贵的财富,因为成功的种子就在自己手中。

我们思想的高低决定我们成就的大小,这其中最重要的就是要相信自己,克服人类最大的弱点——自贬。

一个人的自我观念就是他人格的核心,你自己认为是怎么样的人,你就真的会成为怎么样的人。

相信自己,你一定能行。你的最大资产就是自己,对你自己投资是你所能做到的最好的投资。你不比任何一个人差。要知道,你来到这个世上就是为了在你的人生中取得成功,对这一点,你不能有半点怀疑。

别让"心锁"锁住了你的心

很多人都有一把心锁，锁住智慧，锁住了想象。

在人生的道路上，谁都有遇到苦难和挫折的时候，可你怎么能以此就否定自己呢？你怎么知道自己不行，怎么就知道自己不是干什么的料呢？这又是谁告诉你的呢？

是的，这一切都是你自己告诉你的。可如果你自己说你行的话你就行。为什么要自我设限呢？因此，一个人幸与不幸、行与不行，都是由内心觉悟所决定的。

人为什么要常常为自己设限，要么就生活在别人强加给自己的局限里，要么就生活在自己强加的局限里。很多人给自己套上限制，认为自己在一生中不会超过父母，认为自己反应迟钝，认为缺乏别人拥有的潜能和精力，那么无疑就实现不了目标。

生活中处处有墙有门、处处有锁，但为了安全而设的有形之锁并不可怕，最可怕的是心里的那把无形锁，它能锁住我们的智慧，将我们的想象力扼杀掉，从而形成心灵的桎梏。

有一位很有名气的逃脱大师被邀请到一个小镇去表演，演出非常成功，台下所有的观众都被他精彩的表演吸引住了。等演出全部结束以后，小镇的居民意犹未尽，于是给他出了一个节目，大师欣然答应。

小镇上的居民拿来了一个铁皮制成的大箱子，只有一扇门，里面锁了一把锁。箱子顶上有个洞，刚好够一个人进出。居民要大师从上面的洞钻进去，然后打开锁，从那个铁箱子里走出来。

大师先认真地观察了那把锁，那是把极其普通的锁，比他以往任何时候对付过的锁都要简单得多。他自信地笑了笑，钻进了箱子，准备开始他精彩的表演。

大师先用了一些他最常用的方法试图把那把锁打开，但未能奏效，接着他又试了另一种方法，但锁似乎有意跟他作对，依然纹丝不动。大师只好静下心来，换了一个又一个方法试着将那把锁打开。

过了好一会儿，箱子还是没有动静，大师的方法已经差不多用尽了，绝招也试过了，还是不行，急得他额头上都出汗了，手也开始发抖了："见鬼，怎么还是没打开！"大师一下子瘫倒在地上，无可奈何地望着那把锁。

他的脚在这个时候刚好碰到了铁箱子的门，"吱"的一声，那扇门竟然开了，一束亮光射了进来。原来，这扇门根本就没有上锁，这是小镇上的居民和他开的一个善意的玩笑。

在我们的现实生活中，很多人心里都有一把锁，而实际上，有的事情并没有我们想象得那么复杂，就如同那扇门，只要轻轻一推，门就会开。

门没有上锁，自然就无法开锁，大师的失败就在于他太专注这把具有象征意义的锁。究其原因，是思维定式和先入为主的观念害了他。他以为，只要是锁，就一定是锁上的，因此，他的目标在不知不觉中从"逃生"转换成了"开锁"，其实不是门上了锁，而是他的心上了锁。

其实，很多时候，锁都是自己安上去的，有时你明明知道那是把会困住自己的锁，可还是会选择把它安上去。正是这把锁，才使得我们因循守旧、不敢创新，难以挑战自我，结果往往是一事无成。

你打算什么时候实现梦想呢？你在等什么，还有什么没准备好？你在等待别人的帮助还是等待时机成熟？取得成功的障碍大多是由我们自己在心理上设置的，只有战胜自我才能取得成功。

有个农夫展出一个形同水瓶的南瓜，参观的人见了都啧啧称奇，追问是用什么方法种的，农夫解释说："当南瓜如拇指般大小的时候，我便用水瓶罩着它，一旦它把瓶口的空间占满，便停止生长了。"

人也是这样，许多人的潜能都被压抑了，许多生命中应有的光芒都是因为我们自我设限、自行掩盖，最终使得它们消失了。许多应有的成功都是因为我们自行否定和打击而胎死腹中。

自我设限，就是把自己关在心中的樊笼中，就像水瓶罩住的南瓜一样，就等于是放弃了自己成长的机会，成长自然有限。

有这样一位男士，他在与妻子的相处中存在许多问题，妻子经常抱怨他自私、不负责任，从来都没有关心过她。有人问他："为什么你不好好跟妻子沟通？"他回答："我的本性就是这样。没办法，我就是一个大男人。"这位男士对他行为的解释是他的自我定义。这源自过去他一直如此，其实他在说："我在这方面已经定型了，我要继续成为长久以来的那个样子。"人生若保持这种态度，根本就是在扼杀可能的机会，从而给自己留下永远无法改变的问题。

确定自己是何种人，"我一向都是这样，这就是我的本性"这种态度会加强你的惰性，阻碍成长，因为我们容易把"自我描述"当作自己不求改变的辩护理由。更重要的是它能让你固执一个荒谬的观念：如果做不好，就不要做。

一旦你确定了自我是什么样的人，你就是否认自我。当一个人遵守标签上的自我定义时，自我就不存在了，他们不去向这些借口以及其背后的自毁性想法挑战，却只是接收它们，承认自己一直是如此，终将导致自毁。

一个人描述自己比改变自己容易多了。无论什么时候你要逃避某些事情或者掩饰人格上的缺陷，总可以用"我一直这样"来为自己辩解。事实上，这些定义用了多次以后，经由心智进入潜意识，你便开始相信自己就是这样。到那个时候，你似乎定了型，以后的日子好像注定就是这个样子了。无论何时，一旦你脑海中出现那些"逃避"的用语，便马上大声纠正自己：

(1) 把"那就是我"改成"那是以前的我"；

(2) 把"我没办法"改成"如果我努力，我就能改变"；

(3) 把"那是我的本性"改成"那是我以前的本性"。

任何妨碍成长的"我怎样怎样"均可改为"我选择怎样怎样"。不要自我设限，冲出自制的樊笼，做一个真正的自我，发挥自己的潜能，才会成为真正的自己。

虽然我们不能左右风的方向，但我们可以调整风帆——选择我们的态度。一旦我们选择了自己、看重自己、珍惜自己、改变自己的态度，那些妄自菲薄的话，那些消磨意志、蜕化信心和自暴自弃的懦夫的想法就会消失殆尽，取而代之的是心灵的复活、思维和行为方式的积极改变、信心的增强，以"我能，而且我会"的心态来面对一切。

不论你处在什么样的社会环境中，只有树雄心、立壮志，才能干出一番轰轰烈烈的事业，前提是千万别自我设限。

多数人失败的原因在于他们不能正确地判断自己的能力，低估了自己的价值，只有不平凡的个性才能成就不平凡的人生。正如一家企业要想复活其"心志"，就应当去除枷锁，立志做企业界的最强者，个人也是如此，这样才能更快地取得成功。韦尔奇说："要么做行业第一，要么做行业第二，达不到就不要去做。"

每个人的人生就像一个金字塔，只有往上攀登才能享受最大的自由和空间。在这个社会中，有一部分人庸庸碌碌，终其一生都在老地方徘徊，另一部分人按部就班、辛辛苦苦地从 E 层爬到 C 层，只有少数人能很迅速地攀到 A 层，跻身成功者之列，享受顶峰的风光。

自律让你的潜能发挥到极致

要发挥潜能，就要拥有自律的力量。

你相信自己身上藏有巨大的潜能吗？别急着否定自己。每个人身上其实都蕴含着无限能量，关键看你能不能运用自律意识去挖掘属于自己的潜能，唤醒内心的那个巨人。

潜能挖掘的深度对于我们的优秀程度和职位的高度有着决定性的影响。也就是说，潜能挖掘得越深、激发得越多，你便会越优秀，成功的概率也就越高。

杰瑞·莱斯被公认为美式足球前卫接球员的最佳代表，他的球场表现是最佳明证。

熟悉他的人说他是个天生的运动员，他的天赋及体能惊人，而且罕见，任何一位足球教练都想找到这样天赋优异的前锋球员。

获选进入美式足球名人榜的明星教练比尔·华西发出这样的赞叹："在我们所认识的人当中，没有一个能赶得上他的体能。"单是这一点还不能使他成为传奇性的人物，在他卓越成就的背后有一个真正的原因，就是他的自律能力。他勤练身体，每一天都在为攀越更高境界而准备自己，在职业足球界没有人像他这样自律。

莱斯自我鞭策的能力可以从他体能训练的故事说起。当他还在高中校队的时候，每次练习之前，摩尔高中球队教练查尔斯·戴维斯都规定球员以蛙跳的方式弹跳攀越一座40码高的山丘，来回20趟后才能休息。在密西西比炎热而潮湿的天气下，莱斯在完成第11趟之后就感到吃不消而打算放弃。当他打算偷偷地回球员休息室时，他意识到了自己的行为是不可取的。"不可以放弃，"他对自己说，"因为一旦养成半途而废的习性，你就会把它视为正常。"他掉过头来，回到练习场上完成他的弹跳。从那天起，他就再也没有半途而废过。

成为职业球员之后，莱斯又以攀越另一座山丘而闻名。这是一处位于加州圣卡洛斯的野外山径，全长约有2.5里，莱斯每天在此锻炼体能。有一些足球明星偶尔也来参加练习，但是没有一个人能够追得上他，全被他远远抛在后头，人人对他的体力赞不绝口。其实这只是莱斯固定锻炼的一部分而已。当球季结束之后，其他的球员都去钓鱼或享受假期，莱斯却仍旧保持勤练的作息规律，每天从早晨7点钟开始做体能训练，直到中午。曾有人开玩笑说："他的身体锻炼到高度完美的状况，连功夫明星跟他比起来都只像是个相扑选手。"

许多人所不能了解的地方是，莱斯总把足球赛季看成是一年365天的挑战。美国职业足球联盟明星凯文·史密斯这么描述他："他的确天赋过人，然而他的努力更是凌驾于他人之上，这正是好球员与传奇性球员的分野。"

杰瑞·莱斯证明了自律所具有的强大力量，没有人可以在缺少它的情况下获得并保持成功。我们甚至可以说，无论一位领袖有多么过人的天赋，若不运用自律，就绝不可能把自己的潜能发挥到极致。

要挖掘自身潜能，必须做到以下两点：一是发挥自律，不断学习，好让自己走向完美；二是虚心听取别人的意见，加强自我管理。

学习的目的之一，无非是希望获得新的技能和知识。大家应该都很清楚，这将会是辅助我们迈向优秀的重要资产。谈到学习，多数人第一个想法或做法不外乎是进修。进修的确是相当有用的方式，同时也是具有行动力的表现，但光有行动力显然还不够，还需要持续力来帮忙。

学习最害怕的就是半途而废。很多人可能都有这样的经验：下定决心好好运动，在健身中心缴了一年的会费，结果除了前两个礼拜很勤奋之外，接下来往往有诸多"不可预期"的意外会发生在你预备要去健身中心的那一天。上语言补习班也是很常见的半途而废的事例。在学习路上做了逃兵，不仅前功尽弃十分可惜，况且除了资源的浪费之外，这次不完美的学习经验会给你留下负面记忆，阻碍以后的学习意愿，这才是最大的损失。该如何避免这种情况？唯有通过自律，自律让人自制，杜绝一切可能中断学习的诱惑，让个人发展更具未来性。

在这个世界上，有一些客观存在的规则值得我们去遵循，或许在某些人眼里看来，有的规则是有那么一点陈腔滥调，但那很可能是因为缺乏了解，不明白它的真谛。毕竟，能经过历史考验、历久弥新的金科玉律必定有相当程度的参考价值，应该能帮助我们学会如何通过自律来提升学习效果。

此外，挖掘自身潜能的另一要点是虚心听取别人的意见。

在社会上求生存，免不了会遭受到上司、同事或者公开，或者私下的批评。不可否认的是批评总是令人难受，甚至令人难堪，由此产生了一个重要的问题，那就是如何接受批评。既然批评是免不了的，那么我们就应该培养足够的胸襟，容许不同声音的存在。往好处想、倾听不同的声音是纠正自己错误的最好方法，这也是自律、自我管理的一种体现。

对自己有信心的人，多半会认为自己的想法很高明、自己的计划万无一失。自信是好事，但自信过了头，变成自大可就不好了。无论什么人都可能在匆忙之中做出错误的决定。这时候，不同的声音就如同久旱之后的甘霖一样宝贵。倘若能把管理自我放在首位，试着听听这些不同的声音，或许能避免严重的失误。

在接受批评时，可以针对以下3个要点加以斟酌：内容是否符合事实？方向是否正确？受评者与评论者之间的关系如何？对于那些恰如其分的批评意见，我们应该欣然接受，同时记得提醒自己，别人批评我们并不代表在他眼中自己是个一无是处的人。既然对方的意见是正确的，就没有理由逃避，甚至应该请对方提供更多的意见，这样一来，方能更为有效率地改正缺失。当然，忠言大多逆耳，这时更应该运用智慧，忽略那些听起来或许尖刻的言语，只听取言语中有价值的信息，如此方能更坦然地面对、处理他人的批评，并从中受益。

对于有失公允的评论，当然没有必要接受，不过，态度上仍要注意，毕竟对方很可能是出自一片好意。

"胡庆余堂"是红顶商人胡雪岩毕生的心血。在世纪更迭、战火纷飞的年代中，无数金字招牌都未能幸免于难，而"胡庆余堂"却因为胡雪岩的谦虚而支撑了下来。

有一天，一位老农到"胡庆余堂"买药，微露不悦之色，边走嘴里还不停地抱怨。掌柜的看到老人是位农夫，买的鹿茸也不多，就不耐烦地赶他走。

这时候，刚好胡雪岩从外面进来，看到了这一幕，他和颜悦色地询问老人："是不是药店有什么招待不周的地方呀？"老人见胡雪岩衣着谈吐不凡，便知道一定是个管事的人，便对他说道："药店的鹿茸切片放置时间太久，有些返潮，希望贵店不要提前将鹿茸切片，等有人来买时再切会更好些。"

这话刚好被掌柜的听到了，他忙威胁对方说："这里卖的都是上等的鹿茸，请不要在这里胡说八道。"

这时胡雪岩却对掌柜摆了摆手说："不要这样对待老人家。"然后就又对老人家说："您是这里的常客，您的建议我会虚心接受，保证让您买到新鲜的鹿茸。这次您买鹿茸的钱可以退还给您，希望下次再来。"

老农夫看到胡雪岩如此谦虚，便大为感动，逢人就夸"胡庆余堂"货真价实，每次进城都会给胡雪岩送些土特产，最后他们成了忘年交。

接受批评并不代表一味地倾听、一味地吸收，有时候批评只是沟通的开端。对那些就事论事、无所谓对错的意见如果持有不同的看法，可以试着先肯定对方，再提出自己的观点和看法，达到沟通的效果。

在发展自我的学习方面和听取他人的意见方面做到自律自觉，就可以在挖掘自我潜能的大工程中一面铺路搭桥，一面防漏补缺，从而展现出自己最优秀的一面。

不做自己的敌人，天下就没有敌人

很多人失败，通常是输给自己，而不是输给别人。

人生如战场，千军万马，杀气腾腾，一位在作战时能够万夫莫敌、屡战屡胜的常胜将军功勋彪炳，使得敌军闻风丧胆，但他内心是否平安、自在、欢喜，往往不为世人所知。例如拿破仑在全盛时期何等风光，战败后被囚禁在一座小岛上，相当烦闷痛苦，难以排遣，他说："我可以战胜无数的敌人，却无法战胜自己的心。"可见能战胜自己的心才是最懂得战争的上等战将。

莎士比亚曾说，假使我们自己将自己比作泥土，那就真要成为别人践踏的东西了。其实，别人认为你是哪一种人并不重要，重要的是你是否肯定自己；别人如何打败你并不是重点，重点是你是否在别人打败你之前就先输给了自己。很多人失败，通常是输给自己，而不是输给别人，因为如果自己不做自己的敌人，世界上就没有敌人。

下面是一个真实的故事。

美国从事个性分析的专家罗伯特·菲利普有一次在办公室接待了一个因企

业倒闭而负债累累的流浪者。

罗伯特从头到脚打量眼前的人：茫然的眼神、沮丧的面孔、十余天未刮的胡须以及紧张的神态。罗伯特想了想，说："虽然我没有办法帮助你，但如果你愿意的话，我可以介绍你去见本大楼的一个人，我想他可以帮助你赚回你所损失的钱，并且协助你东山再起。"

罗伯特刚说完，这个人立刻跳了起来，抓住罗伯特的手说道："看在老天爷的份儿上，请带我去见他。"

罗伯特带他站在一块看来像是挂在墙上的窗帘布之前，然后把窗帘布拉开，露出一面高大的镜子，他可以从镜子里看到他的全身。罗伯特指着镜子说："就是这个人。在这世界上，只有这个人能够使你东山再起。你觉得你失败了，是因为输给了外部环境或者别人了吗？不，你只是输给了自己。"

这个人朝着镜子走了几步，用手摸摸他长满胡须的脸孔，对着镜子里的人从头到脚打量了几分钟，然后后退几步，低下头哭泣起来。

几天后，罗伯特在街上又碰到了这个人，而他不再是一个流浪汉形象：他西装革履，步伐轻快有力，头抬得高高的，原来那种衰老、不安、紧张的姿态已经消失不见。

后来，那个人真的东山再起。

就像故事中的主人公一样，人生在世，要战胜自己很不简单，一般人，得意时忘形，失意时自暴自弃；被他人看得起时觉得自己很成功，落魄时觉得没有人比他更倒霉。实际上，只有在不受成败得失的左右、不受生死存亡等有形无形的情况影响，做到慎独自律、宠辱不惊、心安人静，才能说你已经战胜了自己。

自信让你开启生命的无限可能

只要你认为能，就一定能。

这个世界上有能力的人很多，但是最后能获得成功的却有限，这是因为实现成功不仅需要能力，更需要意志。成功路上的各种风雨坎坷都是对意志的考验。谁的意志顽强，就能冲出风雨见彩虹；谁意志薄弱就会倒在通往成功道路的最后一扇大门之前。

卡耐基认为，在世界上，没有别的东西可以替代坚韧的意志，教育不能替代，父辈的遗产也不能替代，而命运则更不能替代。禀性坚韧是成大事、立大业者的特征。

由此可见，如何面对困难是成功者和平庸者之间的一道分水岭。成功者能够迈过困难的阻挠，而失败者却总是在困难面前止步不前，最终一生流于平凡。

在追求梦想的路上，也许你已经经历过太多的苦难和不幸，但是你要记住，千万不要丧失动力，因为只要坚持到云开见日明，成功就是你的。一个人想拥有面对困难时百折不挠的精神，没有一颗坚韧的心是万万不可能的。但凡有所成就的人，做每件事都会坚韧不拔、全力以赴。不管成功的概率多大，哪怕只有1%的把握，他们也会付出100%的努力。

一个有着坚强意志力的人便有创造的力量。不论做什么事都要有坚强的意志，任何事情只有付出极大的努力才能获得成功。充满顽强意志力的人在面对困难或突发事件时常表现得镇定自若、异常冷静，这样才能发挥内在的潜能，找到解决问题的办法。

至于如何增强意志，只有在一次次经历中去培养和磨炼。单纯的口号不仅不能体现出霸气，反而会让你如纸老虎一般，一碰就倒。人的意志力的强大力量是难以想象的，它能克服一切困难，不论所经历的时间有多长，付出的代价有多大，无坚不摧的意志力终能帮助人达到成功的目的。

生活中，每一个人都会面临压力，在压力面前，没有人可以幸免。不管我们是否愿意，压力都会每天陪伴着我们。如果想在这个充满竞争的社会上获得更高的成就，学会变压力为动力就是一种必备的生存之道。只有善于化解压力的人才能向别人很好地展示自己的乐观、不屈不挠的精神以及面对问题时积极思考的头脑，只有这样的人才会受到别人的重视和尊敬。

爱默生说过："伟大及高贵的人物最明显的标志，就是他坚定的意志。不管环境变化到何种地步，他的初衷与希望仍然不会有丝毫的改变，而终至克服障碍，以达到所企望的目的。"意志力强的人，心中充满了无限的可能性，他相信一切都是可以超越的。

成功就是执着、专注、永不放弃

法国画家雷杜德用了整整20年的时间成就了"玫瑰画家"的美誉。

也许你常常说:"我一直都想成功,也试过了很多次,但一直都没有好的结果。"那么,现在问你:"很多次是多少次,上百次、几十次,还是只有几次?"

对于没有成功的人而言,不管付出过多少次的努力,但是最后失败的原因肯定只有一个——放弃。人一定要有不放弃的精神,这是成功的前提。当然,要做到这一点,需要人具备自律精神,以此支撑着自己坚持到底。

在多数人看来,一个人是否有力量,全在于他的性格和手段。那些性格温和而从不采用暴力的人,有时会被人视为懦夫。然而,甘地却改变了人们对力量的看法,他以温和非暴力著称,始终坚持自己的信念,这种强大的意志力萌发出的气场,让他成为印度最有影响力的领袖。

每一种成功的背后都有不为人知的心酸,但每一种成功也都有个共同的秘诀,那就是坚持。很多时候,不要抱怨成功太艰难、路途太坎坷,你需要的是增强你的意志力,还有你的恒心。当你感到精疲力竭的时候,放弃是最简单的,也是看起来最好的选择,然而成功者在此时却忍住了,他们的意志力是普通人难以想象的,甚至为了成功,他们可以选择"一生只做一件事"。

有人曾经问过小提琴大师弗里兹·克赖斯勒，为何他能演奏得如此好，是不是运气好？弗里兹·克赖斯勒回答："这一切都是练习的结果。如果我一个月没有练习，观众可以听出差别；如果我一周没有练习，我的妻子可以听出差别；如果我一天没有练习，我自己能够听出差别。"

想让自己像弗里兹·克赖斯勒一样，用自身的实力和魅力感染更多的人吗？那就坚持做好你该做的事吧。

所有的失败者都有一个共性，那就是太容易放弃自己当初的一些愿望或原则。他们总认为坚持下去也于事无补，所以经常会自作聪明地选择"战略转移"，到头来一事无成。

其实，要想成功，就必须专注而不放弃。很多人非常聪明，但是没有长性，也难以成功。可是有些看起来不太聪明的人却因为能够坚持而最后获得了巨大的成功。就像法国画家雷杜德，用了整整20年的时间只专注于一件事情，最终成就了他"玫瑰画家"的美誉。

雷杜德一生动荡，他出生在封建制度下等级森严的社会，成长在法国大革命纷乱的战火中，虽然也曾有朋友要他投身于人民解放的革命中，用鲜血染红一片奋斗的历程，但他没有答应。后来朋友威名远扬，成了赫赫有名的将军，而雷杜德却默默无闻，但热爱艺术的人们会永远记住他。

雷杜德用了半生的时间来研究玫瑰，研究各种姿态美妙的玫瑰，整整20年，以一种"将强烈的审美加入严格的学术和科学中的独特绘画风格"记录了二百多种玫瑰的姿容，集成了《玫瑰图谱》。在此后的180年里，这本书以各种语言和版本出版了二百多个重版本，平均每年都有新版本的芬芳降临人世。雷杜德用半生的专注来挖一口玫瑰之井，让那些美妙的花儿艳丽多姿，这就是雷杜德的真本事，虽然只做出了一份贡献，但他依旧彪炳史册。

在历史的长河中，用毕生精力挖一口深井的人屡见不鲜：曹雪芹倾注毕生心血，终留传世之作《红楼梦》；鲁迅先生弃医从文，一生以文字作为和敌人对抗的匕首，针锋相对；钱锺书一生治学，终成当代中国少有的学贯中西的文学大家。凡是有所作为的人，往往都是全神贯注、倾尽身心去追求既定的理想，浅尝辄止是挖不成一口深井的。

生活中有许多看似匆忙、手脚终不得闲的人，整天没有一刻休息，却总见不到任何显著的成效。究其原因，想必就是做事浅尝辄止，刚刚上手去做某件事，而心里却又开始惦记着下一件事，到头来只能像抓蝴蝶的小猫，仍然两手空空。

浅尝辄止的人之所以会显得异常忙乱，是因为他们没有坚定的目标，这无疑是对生命与资源的最大浪费。人生短暂，精力与时间都有限，我们应紧紧把握住自己独有的优势和志在必得的方向，凭借永不放弃的努力，执着而专注地做下去，这样才能有所作为。

当我们在为心中的目标而努力时，其实很多时候是看不到自己离成功还有多远的。有些人拼搏了一阵而仍然看不到希望，他们便开始产生怀疑，开始垂头丧气，渐渐地发展成越来越强烈的绝望，直至放弃了努力。

殊不知，也许就在放弃努力的时候，成功已经离你很近了，只要再向前走几步，便能拨开乌云见晴日了。但就是因为没有坚持到最后一刻而放弃，也就永远与阳光无缘了。我们常常所遇到的挫折，其实都只是一种考验。既然生命还没有对你说"不",你又何必未战先降呢?

做事情要持之以恒、善始善终,越接近成功就越要认真对待。哪怕走了99里,剩下最后1里没有走完,也算没有成功。如果坚持不到终点,就会失去差不多全部的意义。

第八章　自律决定竞争：
管好自己，永远比别人快一步

能做到自律的人，工作中有强烈的进取心和责任感，只要能在自律上领先一步，一定能在工作上、人生中步步领先。加强自律，提高竞争力，积极地拼搏奋斗，挑战人生。

自律，提升个人竞争力的利器

提高自己的竞争力是让自己脱颖而出的最好办法。

"真烦！有什么事都找我！"

"我为什么这么倒霉？别人都不用做，就只有我要做。"

面对日益繁重的工作，你是不是也曾这样抱怨？你是不是认为老板真的很对不起你，给你微薄的工资，却让你终日忙碌不休？如果你真的有这样的想法，赶紧给自己一个警告吧。在这个生活压力越来越大却又竞争激烈的年代，能"一人当多人用"的人往往是最有价值的人，也是能站得最稳的人。为了保住自己的饭碗，你一定要有足够的自律，告诫自己放下所有的不情愿，把有限的时间投入到无限的工作中去。倘若你还时常被交付重任，那么你就更不该抱怨，而应该偷笑。

如今，随着商业社会的成熟，越来越多的企业从原本注重员工的学历转变为注重经历、工作态度、价值观以及综合素质。所以你不妨聪明点，在上述方面多下点功夫，让老板看到你的多元性与多项任务操作能力，这样才能成功提升自我价值。

多年前，一个老板曾经聘用了一名女孩做助理，工作内容很简单，就是帮忙拆阅、分类信件。她每天面无表情，一板一眼地执行工作，虽然说不上不开心，但想必也没有多快乐。

有一天，这个老板经过她的座位旁，却突然停了下来对这个女孩说："我知道你认为工作很无聊，但是你可以尝试从中找点乐趣，而这一切的前提就是你能够有足够的自律让自己投入到工作当中。"

连老板自己也没想到，他的这句话给女孩带来的改变会来得这么快且剧烈。此后，她开始在晚饭后回到办公室继续工作，不计报酬地做些分外的工作。

过了没多久，老板渐渐会交付她一些原定工作内容以外的事情，她的表现从没让老板失望过。在前任秘书离职后，她理所当然地成了老板的新秘书首选。升职时，她写了一封表达谢意的信给老板。但是老板却对她说："这一切都源于你的自律，当你发现自己的错误之后，能够马上改正自己的态度和做法，这就是最大的竞争力！"

在没有得到这个职位之前便已经身在其位，这正是女孩获得提升的最重要原因。她能够在下班之后在没有任何报酬承诺的情况下刻苦训练自己，这就是自律的威力。自律是提升个人竞争力、做到物超所值的利器。

光从行为上看，人们或许都会偷偷取笑女孩傻，但如果从结果来看，还有人认为她这么做很傻吗？

每个人在职场上辛苦耕耘，无非是希望更有前途。既然我们的目标如此简单，那么与其成天计较工作多寡，不如把心思放在提升自我价值上，因为总有一天，你的努力终将获得回报。

学习的脚步永不能停息，要想不断提升自己的价值，关键是要提高自己的自律能力。一个自律的人能够突破自身限制，这个"限制"指的就是我们的能力所能及的高度和宽度。在提升自身价值的过程中，不必在意老板究竟有没有注意到，也不用忙着计较自己能不能因为多做的事情而得到额外的报酬。如果我们能够发挥自律，让自我达到这种境界，那么一定能够实现自我价值，成为那个"不可或缺"的人。

可能多数人都认为混日子是件轻松又惬意的事。我们先不讨论这种观点的是非对错，光看得失利弊就好。请想想，现实生活中，有哪家公司会给不能为公司创造利润的员工福利及加薪呢？抱着混日子的想法来工作，不但无法持久，并且前途渺茫。希望自己是前途"无量"而非"无亮"，首先得让企业主感到"物有所值"，再力求"物超所值"，如此才有机会在公司占得一席之地。所以，不管怎么说，提高自己的竞争力是让自己脱颖而出的最好办法。

没有一个老板喜欢做亏本的生意，公司聘用员工，当然会设下期望值，期望值的依据是学历、能力和资历。当个人表现和公司期望相吻合时，会被认为是"物有所值"；当表现超越了公司期望，就会被认为是"物超所值"。从表面上来看，受惠者是公司，但实际上应该说是"双赢"才对，因为当你的个人价值越高，企业对你的依赖度就会越深，形同一种保障，也是一种胜利。

做到"物超所值"，就等于具备了真正的竞争力。有了竞争力，便不容易被取代。

有的人会说:"我的职位又没多重要,怎么彰显自己物超所值啊?"别担心,就算职位再普通,你也能做出高于常人的成绩,而这一切的前提就是你要懂得自律、自我警醒、自我教育、始终保持成长、主动沟通、积极合作。

做好本职,让自己无可替代

做好了自己的本职工作,也提高了竞争力。

职场上,有些人总是好高骛远,只想着将来要获得什么样的成绩,而忘了自己分内的责任,这种人是很难获得成功的。即便你的工作再卑微,你也要记住,那是你的责任,只有完成了自己的责任才有资格去谈成功。

成功不见得在大领域内才能创造,即便是范围有限的专业领域,只要专心钻研,不轻易放弃,也不要轻易自满,最重要的是运用自律,让一次又一次的成功表现成为跳板,在小领域也能创造大成功,帮助自己再攀向另一座人生高峰。

在英国赛马界有一位声望极高的权威性人物亨利·亚当斯,他既不是名声显赫的老板,也不是技能出众的骑师,而只是一名负责钉马掌的铁匠。可为什么像亨利这样在一般人印象中的"小角色"却会成为重量级的人物呢?原因就是他总能够给赛马钉上最合适的马掌。

亨利常说:"我给赛马们钉了一辈子的马掌,这就是我的工作,也是我最关心的事。每当我看到一匹马，首先想到的就是这匹马应该要钉一副什么样的马掌最合适。"

亨利做了一辈子钉马掌的工作，或许有人认为这份工作微不足道，但他却因为这份工作为自己赢得了极大的荣耀。即便在他年事已高的时候，找他替马钉马掌的骑师仍然络绎不绝，生意好到要排队等候是常有的事情。

相信大家应该都很羡慕荷包满满、生意应接不暇的亨利·亚当斯吧。他就是典型的"从小处创造大成功的人"。如果你也希望能够像他这般，那么就必须先在工作上做到自律。不妨通过问问题的方式来提醒自己、训练自己。例如：我是否明确了解自己的职责？我是否能够抗拒各种诱惑，把工作做到尽善尽美？我在工作不如意的情况下，是否也能"在其位谋其职"，仍旧投入自己全部的精力？

如果你对于上述问题皆能获得肯定的答案，那么属于你的成功应该就在不远处了。当然，成功没有那么容易，不可能唾手可得，在过程中吃点苦头是难免的，不过，如果能站得高一点，看得远一点，眼前的困难就会变得微不足道。最好的办法就是发挥自律性，对自己严格一点，定下更高的目标，提出更高的要求，并且一步一个脚印，排除万难，踏实地完成。在有办法承受挫折与考验之后，你将能清楚地知道，今日的锻炼将是未来成功的垫脚石，往后若是再面对工作中的各种困难时便能够处之泰然了。

或许有人心里会这么想："我负责的是再普通不过的工作，就算做得再好也看不到出路。况且那么无聊的工作和优秀根本扯不上边儿，只是混口饭吃罢了，要通过工作来变得优秀谈何容易！这种方法可能不适合我吧！"

然而，可以十分明确地告诉你，这种想法是非常危险的！对于一个有自律能力的人来说，"尽本分"是无可逃避的责任。是否做好了自己的本职工作也是一个人竞争力最好的体现。著名的经济学家茅于轼在《中国人的道德前景》一书中说："一个商品社会的成熟程度，可以用其成员对自己职业的忠诚程度来衡量。社会成员具有强烈的职业道德意识是商品经济长期锤炼的结果。一个人如果不尽本分，不忠于自己的职守，必然被淘汰，不像在德行的其他方面，如果有什么缺点还不致立刻威胁到自己赖以谋生的手段及饭碗。"

虽然绝大多数的人站在不同的工作岗位上，但若将他们的工作内容抽丝剥茧地细细审视，便不难发觉可能有九成以上的人都在做延续性、重复性、维护性的工作，公司里真正能达到开创性的人大概不超过10%。这么说来，难道只有少数的人才能算作是有竞争力吗？答案是否定的，一个人之所以优秀的决定条件不在于他担任什么样的职位，而是在于他是不是有足够的自制力来完成看似枯燥的工作，并且在这份工作中提高自己的竞争力。

真正技艺高超的厨师在大秀厨技时会选择家常菜；画技高超的画家用简单的线条，三两笔就勾勒出感动人心的画面。谁说复杂的事物才值得用心？谁说困难的工作才得要认真呢？就是再平凡、再普通的例行公事，也应该尽本分地妥善执行，因为即便是一项简单的小任务，只要能圆满地完成，结果就是100分，谁能说屡屡拿下满分的人不优秀呢？而优秀，就可以为自己创造更多的机会。

所以，无论做什么工作，都要在明确清楚知道职责的前提下，心无旁骛地把每一件任务尽可能做到最好。不论有没有旁人的监督，我们都应该认真、负责地做好分内事，因为这是一条帮助我们脱离平凡、走向成功的最佳道路。

谁快谁就赢，谁快谁生存

速度决定一切，谁快谁就赢得机会。

你是不是总难逃第一个到公司、最后一个下班的命运？别人花半天时间就能完成的任务，你是不是总得花整整一天，甚至是两天才能做完？同样的工作内容与工作环境，同事的业绩为什么总是比你要好很多？这时候，你可能会愤愤不平，并且还会怀疑大家做事不够仔细、打马虎眼，其实，只是你比别人慢了一步而已。

从今天起，自律一些，逼着自己比别人快一点吧。如今的世界是一个快节奏的社会，只有更快才有更强的竞争力，如果你落到了人后，那么离被淘汰也就不远了。

东方鱼肚白尚未升起前，在非洲偌大的草原上，狮子、羚羊等动物错落盘踞在各自的角落里。

早晨的曙光刚刚划破夜空，一只羚羊猛然从睡梦中惊醒，然后快速跑了起来，羚羊心想："如果慢了，我就可能会被狮子吃掉！"于是，它起身就跑，朝着太阳的方向飞奔而去。

就在羚羊醒来的同时，一只狮子也从睡梦中惊醒。"赶快跑！"狮子心想，"如果慢了，我就可能会被饿死！"于是，它起身就跑，也朝着太阳的方向飞奔而去。

谁快谁就赢，谁快谁生存。在弱肉强食的生物界里，不论是位处食物链顶端的"万兽之王"，还是以吃草为生的羚羊都面临着生存问题。如果羚羊跑得快，狮子就可能饿死；如果狮子跑得快，羚羊就可能被吃掉。即便两者实力悬殊，即便狮子看起来似乎有很大的胜算，也没有谁敢疏忽怠慢。因为速度决定一切，谁快谁就赢得机会，"谁"快就代表"谁"比对方更优秀。

如今，每个个体都身处于一个竞争环境中。一家企业必须在市场上与同行企业竞争，以求生存；一名员工必须与同事竞争，证明自己较优秀，以求得更好的发展。那么，什么样的人能够成为竞争中的大赢家呢？答案是自律的人。懂得自律的人会时刻鞭策自己，加快反应的脚步，凡事"快"人一步。当你跑在别人前面，想要不被注意都很难。

速度往往是胜负的决胜点。竞赛以快取胜，搏击以快打慢，跆拳道讲究心快、眼快，还有手快。

竞争的实质，就是在最短的时间内做出最好的东西。人生最大的成功，就是在最短的时间内实现最多的目标。唯有在时间上领先，才有机会在其他部分领先，慢一步的后果就是与机会擦身而过。

在竞争的过程中，除了注意自己的速度外，还得注意竞争对手的速度。因为有时候我们慢，不是因为我们不快，而是因为对手更快。在竞技场上，冠军与亚军的区别，有时小到肉眼无法判断。比如短跑，第一名与第二名之间有时仅相差不到一秒；又比如赛马，第一匹马与第二匹马之间有时仅仅相差半个马鼻子（几厘米）……

要想快，还是需要我们自律，做不到自律就只能尝到"落后"的苦果。

因为"快"需要的是心无旁骛，需要不断为自己加把劲儿。对于先天条件不足的"慢行者"而言，更需要有"笨鸟先飞"的自觉意识，而这一切都要靠自律来实现。

然而，话说回来，人难免都会有惰性，也很容易帮自己找借口。在督促自己加快速度的过程中会有想要停下脚步、偷一下懒的念头出现，这是很正常的事情，当下心里的旁白大多是："不过就是偷懒一下，应该没有什么关系吧！"当这样的想法入侵大脑时，请提醒自己。盛田昭夫说过："如果你每天落后别人半步，一年后就是183步，十年后就是十万八千里。"这个数字是不是很惊人？你现在还觉得偷懒一下也没关系吗？

完成工作比人快一步，职业境界的提升比人快一步，只要能在自律上领先一步，相信你就能在工作上、人生中步步领先。

多一份进取心，多一份竞争力

> 遭遇失败时，自律和自警却能让你再度打起精神。

我们正处在一个快速发展、不断变化的时代，昨日的成就不能代表今日和明日的成就，只有怀着强烈的进取心与时俱进、超越自我，才能保持优秀。但是，人与生俱来都有一种惰性，这种惰性会不断侵蚀进取心而缺乏自律的态度，如此，再强烈的进取心也只能维持一时，难以落实成为习惯。

要想以高度的自律维持这种能够让自己不断超越自我的进取心，就必须明白，在激烈的竞争中，要不就是选择向前进取，要不就是落得出局。

不少事业小有成就的人，对于实现目标的渴望已经不像过去那样感到强烈。当奋斗的方向变得模糊，多少会产生"刀枪入库，马放南山"之类的思想，那么，他们的最终结果只有一个，就是被淘汰出局。所以，一个想要成功的人就必须时时自警，让自己保持强烈的进取心，多一分竞争力。

美国棒球界历史上最伟大的投手之一莫德克·布朗，其成功经历完美地诠释了进取心和成功之间的关系。

莫德克·布朗从小就立志要成为棒球联盟的投手，可是上帝并没有因此眷顾他。小的时候，他在一家农场做工，右手不慎被机械夹住，导致中指严重受伤，食指的大部分残缺不全。要知道，对于一名投手来说，失去手指意味着要想成为全棒球联盟最好的投手几乎是不可能的。在他受伤之前还有机会去争取，可是在他的右手致残之后，这个梦想似乎变得遥不可及了。

然而，这位少年并不这么想，他没有因此放弃自己的梦想，而是完全接受了不幸的事实，尽自己最大的努力学习如何用剩余的手指来投球。

后来，他成为地方球队的三垒手。有一次，当莫德克从三垒传球到一垒时，教练刚好站在一垒的正后方。当教练看到莫德克传出来的球快速旋转划出完美的曲线，落入一垒手的手套里时，不禁惊叹道："莫德克，你是天才的投手，你的控球能力实在太出色了，投出的高速旋转球，任何打击者都会挥棒落空的。"

的确如此，莫德克投出的球，球速之快，角度之刁钻，往往令打击者束手无策。就这样，莫德克将打击者一个个三振出局。他的三振纪录和胜投次数高得惊人，不久便成为美国棒球界的最佳投手之一。

事实上，正是他因为受伤而变短的食指和扭曲的中指，使球的旋转产生了与众不同的角度和力道。莫德克之所以能够实现自己的梦想，依靠的正是这股积极进取的精神，即便遭遇重大困难，阻碍了梦想，也坚持不放弃。

由此可见，一名有进取心的人，即使屡遭失败仍然不会放弃努力。成就的大小不是由人生高度来衡量，而是借由我们在一路上所克服的障碍数目来衡量。

对现状的不满足，是促使我们不断追求成功的强大动力。世界上有很多一无所有、一事无成的人，而造成他们一无所有或一事无成的原因，就是因为太容易满足。期待自己能上进，就绝对不能自满地停留在现有的地位，目标应该定得更高，眼光应该放得更远。

未来的发展可以永无止境，同样，我们可以选择是继续前进，还是停滞不动，或者是直接放弃，关键在于你能否坚持自律，避免让惰性放大，淹没了自己。那些在事业上取得成功的人，莫不是保持着"努力进取"的信念努力前进的，目标的设定与实现是最好的方法与实践。其中比较积极、有远见者，甚至会在达到某一个目标之前就已经设定好后续的许多个不同阶段的目标，从而展现对自我人生的高度掌握性。

在目标实现之后，优秀的人不会耽于安逸，因为他们知道，竞争永不停息，所以人不能安于享乐。正是这样的自警和自律促使他们再度接受挑战，朝下一个目标迈进，如此周而复始，永远向更远大的目标挺进，全身心投入到追求更优秀的境界中。

这些人永远能够从生活、工作以及获得的成功中感受到由衷的喜悦。他们始终保持着旺盛的斗志和充沛的精力，昂首向前，不管在任何时候都不会丧失热情。对他们而言，"已经达到最终目标"的情况是不存在的，优秀的人无时无刻不在为自己新的目标而不懈努力，并且享受过程、乐在其中。

优秀来自自律而非超能力，当然也会有感觉疲惫的时刻，也可能会想松懈、想更随便一点地生活，但是，自律和自警却能让你再度打起精神。个人的进取心是实现目标不可缺少的要素。进取心会使我们进步，因而带来更多成功的机会。

1948年，牛津大学举办了一场主题为"成功秘诀"的讲座，邀请当时的英国首相丘吉尔来演讲。

丘吉尔做手势止住了如雷的掌声，他说："我的成功秘诀有三个：第一是，决不放弃；第二是，决不、决不放弃；第三是，决不、决不、决不放弃！我的演讲结束了。"说完就头也不回地直接走下了讲台。

经历了整整一分钟的沉寂，随后，观众席上爆发出经久不息的热烈掌声。

这些掌声不仅是对这位伟大的政治家、外交家的尊敬，更是对这位大人物进取精神的一种褒扬。

保持进取心、追求卓越是成功人士永远的信念。这种信念不仅造就了成功的企业和杰出的人才，还促使每一个努力完善自己的人在未来不断地创造奇迹。

每一位成功者都有勇往直前、不达目的誓不罢休的进取心。当一个人具有这种进取心，将如虎添翼、力量倍增，任何困难和挫折都阻挡不了这股力量。凭借进取心，我们能够敢于面对重重的困难，敢于面对各种挑战，不仅敢于向"可能"挑战，更敢于向"不可能"挑战，因为在进取心之下，所有困难与考验都是成功的必修课题，只需面对，无须恐惧。

能坚持不懈做到自律的人，不会仅靠运气来获得成功，即使在最艰难的时刻，他们也会坚持工作，决不会放弃努力，这就是成功的关键所在。

进取心能促使一个人知道自己应该做什么，并且积极主动地去做应该做的事情。进取心与自律的态度相辅相成：有进取欲望的人更容易做到自律，而以自律的态度对待工作的人，相对地，能更长久地让进取心推动自己的工作。

在自律中不断蜕变成长

世界属于知足但永不满足的人们。

有这样一句名言："世界属于知足但永不满足的人们。"是的，任何一个成功的人很少陶醉在已有的成就之中，而是善于忘掉"过去"，面向未来、勇于变革，从而不断超越自我。

事实上，整个世界就像个竞技场，每个人从出生那天起就投入比赛中了，比学习成绩、比工作成果、比事业成就、比家庭幸福……而成功的人总是那些不安于现状的人。

然而，生活中有很多人一旦取得了一点成就，就失去了自律自警的危机意识，满足于自己的工作状况，习惯于按照上司的安排埋头工作，不想学习，也不对自己的工作进行客观的评价和适当的改进，认为自己按照上司的指令工作，纵然出现了失误，也不关自己的事。事实上，这是一种极不负责任的行为，时间长了，这种行为就会使人产生惰性，失去创造的活力和新颖的思想。

质疑自己的工作是一种强烈进取的精神，而这种精神将支撑我们创造辉煌。

当杰克·韦尔奇在20世纪80年代初期走马上任时，通用电气看起来正是美国最强大的公司之一，它既没有处于危机的剧痛之中，也没有被不时折磨它的大公司的诸多弊病所困扰。

然而，韦尔奇一上任便指出：应该把通用电气公司放在"全球性经济环境"中来思考其未来，要为进入21世纪做好准备。在这里，"全球性经济环境"的一个重要部分指的就是以日本企业为主的竞争。以他当时的话来说，就是"2000年后能否与国外公司竞争，是我们从现在起，每一天都必须考虑的问题"。

韦尔奇进一步指出"在这个越来越小的世界上，胜者和败者的界限日趋分明，在这里，没有'还过得去'的企业的位置"。他觉察到他面临的是一个不确定的未来。考虑到这些，韦尔奇担心通用电气的竞争者将因此而变得强大起来，他希望这个公司变得更有竞争力。为了达到这个目标，韦尔奇感到他需要一个流畅的和进取的通用公司，这意味着当时的通用公司将被简化为一个较小的却反应灵活的公司。因此，韦尔奇采取了一系列行动，并取得了辉煌成就，从而成为当今全球经理人的偶像。

通用电气在杰克·韦尔奇上任的时候已经是一家很杰出的公司了，但韦尔奇没有满足，而是在前进中不断找到通用存在的问题，处理了一个又一个棘手的问题，促进了通用的良性发展。

惠普公司原董事长兼首席执行官卢·普拉特说："过去的辉煌只属于过去，而非将来。"未来学家托夫勒也曾经指出："生存的第一定律是没有什么比昨天的成功更加危险了。"葛洛夫也有一句名言，即"唯有忧患意识，才能永远长存",并说英特尔公司一直战战兢兢,不敢有丝毫懈怠,"让对手永远跟着我们"。张瑞敏的"战战兢兢、如履薄冰"的危机意识早已深入海尔每一个员工的内心深处。这种强烈的忧患意识和危机理念赋予这些企业一种创新的紧迫感和敏锐性,使企业始终保持着旺盛的创新能力。

IT业界流传着韩国三星集团前总裁李健熙的一句名言:"除了妻儿,一切都要变。"这句话正是当年李健熙下定决心带领三星集团励精图治、发愤改革的真实写照。

1987年,李健熙从父亲李秉喆手中接过三星集团这个大摊子,1993年开始重塑三星,并且提出"除了妻儿都要变"的口号。

当时,李健熙决心给"沉睡中的三星一剂猛药,一个改革的信号弹"。于是,变革就从改变上下班时间开始,将原来的"朝九晚五"变成"朝七晚四",20万名员工都提前两小时上班。进行这种大规模的变革会遇到很多阻力,但是李健熙相信,如果下不了这个决心,振兴三星的日子就会遥不可及。

三星人从此意识到"改革开始了",很多人从闲散的状态中清醒过来,开始利用早下班的时间学习外语、培训进修,他们付出的这些努力为日后三星集团扩展海外市场打下了坚实的基础。

1997年,韩国受到东南亚金融危机的冲击,很多韩国大企业纷纷破产倒闭,举国上下损失惨重,三星集团也难免受到影响。面临重重危机,李健熙决心再次重整三星,他对员工们说:"为了公司,生命、财产甚至名誉都可以抛弃。"

李健熙拥有如此强烈的危机感与决心,在他的带领下,三星集团制定了明确的战略方向,坚定不移地执行战略,变革在不断推进,影响深远。

直到2002年年底,三星集团已经跻身全球IT行业前20名。

为了表明"一定要结果",而不是简单的"想要",三星集团将上班时间提前两个小时,20万名员工的生活习惯从此改变。由此,我们可以看出李健熙的变革决心之大。

下定决心、排除万难、勇于改变,只有这样,我们才能获得巨大的突破。价值是一个变数,今天你可能是一个价值很大的人,但如果你故步自封、满足现状,明天你就会贬值,被一个又一个智者和勇者超越。今天你可能做着看似卑微的工作,人们对你不屑一顾,而明天,你可能通过知识的不断丰富和能力的提高以及修养的升华让世人刮目相看。在时代发展一日千里的今天,只有抱着不断超越平庸、绝不安于现状的心态,不断实现自我从优秀到卓越的跨越,你才能不断提升自己,成为职场中的常胜者。

国内一家知名企业的总裁说过,最危险的时候就是你没有发现危险到来的时候。其实,每一个组织以及每一个人都可能随时遭遇类似于"风暴"的不可控制事件,这些事件会毁掉一切,让没有准备的、安于现状的人陷入绝境。

即使没有狂风大浪,你所处的环境也每时每刻都在变化,安于现状只能是一厢情愿的梦想。当你从梦中醒来时,会发现原来所拥有的一切都已经随风而逝。因此,你必须时刻提醒自己要主动变化,在"现状"变化之前就做好准备,如果等"现状"变化了再行动,一切都晚了。

可见,人应该在刚健勤勉的同时怀着一种如同身临险境或即将面临困难的大敬畏意识。这种大敬畏、大忧患意识,使人在成功的时候清醒地看到还有很长的路要走,还有很多困难需要克服。

今天的成功仅仅代表着今天,明天必须继续前进。人生道路上应保持自律,多一分自警的意识,积极地反思自身的行为,努力寻求解决问题之道。

可以不成功，不能不成长

在职场的淘汰赛中，安于现状者，有可能是最先被淘汰的

如果说学习如逆水行舟，不进则退，那么人生也是如此。历史的车轮滚滚向前，社会是不会等待你长大的。如果你不能积极成长、与时俱进，就只能被社会淘汰，因为时代在发展，社会在进步，你不成长，就是不进则退。

某知名主持人在总结自己的过去时，认为自己最大的心得是"这一辈子你可以不成功，但是不能不成长"。

是的，只有成长的人才能跟得上时代前进的步伐；只有成长的人，才能适应企业和组织的发展；只有成长的人，才能保持清醒的危机意识；也只有成长的人，才能总是胜任工作，才可能捧上金饭碗，拥有终身受雇力。

A和B大学毕业后，一起进入深圳的一家公司。由于缺乏经验，两人被安排从基层做起，先从搬运工做起。A每天很早起床，来到仓库里打扫仓库。B每天都是踩着上班的最后一刻时间来到公司，并且上班的时候常常走神。

长此以往，B慢慢地觉得工作就是混日子，日子就是混工作。而A在工作中找到了激情，并且在工作中找到了乐趣。他慢慢地开始研究一些管理中的技巧并且试图解决别人解决不了的问题。渐渐地，两人间的距离越拉越大。在年底的总结会上，A被授予先进员工，并且获得了很丰厚的年终奖，而B

还是普普通通、浑浑噩噩地混着日子。

　　危机是个人成长的信号，如果安于现状，看不到自己所面临的竞争和危机，那么你必定会被未来社会所淘汰。一个人应当让自己跟得上时代前进的步伐，要学会和自己比赛，每天都要淘汰掉那个已经落后的自己。如果你不主动去淘汰自己、超越自己，那么你必将被别人超越和淘汰。

　　社会是一个永不闭馆的竞技场，每天都在进行着淘汰赛，不是自己淘汰自己，就是被别人淘汰。我们只有主动出击，每天进步一点点，抓住一切机会提高自己，才能够逐渐强大，让自己保持持续的竞争力。

　　不可否认的是人都具有惰性。一旦环境稳定下来，只要付出50%的精力就可以应付所做的工作，人们就会变得懒惰、不思进取。社会在飞速发展，现在已经不再是一个靠经验吃饭的时代。任何人如果不紧跟时代的步伐前进，就会成为落伍者。世界上的人口在飞速增长，相应而来的是大量人才的出现。在一个团队中，任何人都不是独一无二、不可或缺的。失去一个人才，马上可以在社会上找到同样类型的人才补充进来。工作是什么？工作就是自己生存的保障，衣食住行都要靠工作所获得的薪水来维持。丢掉了工作，你就丢掉了一切，更不要说理想和事业。只有具有了危机意识，你才能不满足于已经取得的一些成绩，你才能督促自己在工作之余学习新的知识和技能。

　　以前，古人提出了"忧劳可以兴国，逸豫可以亡身"的说法。李自成由得天下到失天下的过程，为上面的说法提供了有力的佐证。几乎我们每个中国人都深知这段历史，都懂得生于忧患而死于安乐的道理。可是生活在竞争日趋激烈的时代的我们，是否真正意识到了生存的危机与挑战？这是值得每个人沉思的，我们该如何对待自己的人生？

　　人生一世的确不容易，我们不可能一帆风顺，也不可能风光一世，所以我们不能安于现状，要对自己有所提高，要有忧患意识。因为只有有了忧患意识，才能有备无患，才能在工作和生活中有上进心、有进取心；过分享受与依赖安逸就会消磨掉一个人的斗志。那样的话我们就会苟活一生、碌碌无为。换言之，也就是说只有有了忧患意识，才能积极去拼搏奋斗，人生才会绚丽多彩。

第九章　目标决定方向：管好目标，预订成功人生

目标是行动的导航灯，失去目标的人生就失去了方向。人生不能安于现状，为自己设立一个目标，就等于为自己预订了一种成功，只要为之不懈地奋斗，目标就会变成现实。

没有目标的人生，终会被命运抛弃

目标能够激起人成功的欲望。

古话说："欲行千里，先立其志。"这里所谓的"志"，就是人生的志向，也就是人生的目标。否则，漫无目的地走，最终只会误入歧途。

所谓的目标，其实非常简单，就是你想要得到的东西。如果你非常想得到某件东西，就必须把它作为自己坚定的目标。在我们满心渴望地追求一个目标时，会触发许多与目标相关的事件。有些事件看起来微不足道，但是如果我们处理不好，也可能使我们偏离自己的目标。

有了目标之后，就会激发起人的成功欲望。这种欲望可以激发我们的自律精神，因为当我们把行动和心中的目标联系在一起时，总是会有更优秀的

自制力，不被外界的困扰所迷惑。

拿破仑·希尔认为，支撑人类生存和发展的一个重要因素就是欲望。只有那些拥有欲望的人才会产生不断奋斗的勇气和决心。松下幸之助曾经说过："如果你想成功，最重要的就是要有想去完成那件事的强烈欲望。心里一直想着不完成它绝不罢休的时候，事情可以说已成功了一半。有了这种积极的成功欲望，一定能想出完成这件事的手段或方法。"这段话道出了一个亘古不变的成功法则：强烈的需求心从来都是推动人们成就事业的巨大力量。

人仅仅拥有一般的欲望是不够的，要成功就必须拥有和保持强烈的成功欲望。比如，如果你真的十分强烈地希望拥有财富，那么你就应该首先在内心具有发财致富的欲望，进而使这种欲望变成充满你大脑的念头。所有梦想做出一番事业和傲人成就的人都要将目标牢牢记在心中，时刻鞭策自己，只有这样，成功才会在某一天降临。

对于所有人而言，内在的精神是促使自己去实现目标的最大动力和积极因素。为什么失败者常常整日无所事事、虚度光阴？就是因为他们没有目标。没有目标，人就会迷失方向，开始漫无目的地徘徊，接受平庸的生活。

弗罗伦丝·查德威克是世界著名的女性游泳健将，也是世界上第一位成功横渡英吉利海峡的女性。

1952年7月4日清晨，当时已经34岁的查德威克从卡塔林纳岛上出发，试图穿越茫茫的太平洋，到达21英里之外的美国加利福尼亚海岸。如果成功，她将创造另一项世界纪录。

那天早上，大雾弥漫，她几乎看不到护送她的随从船队和人员。冰冷的海水冻得她浑身发麻，她咬紧牙关坚持着。时间一小时一小时地过去，成千上万的观众在电视前看着她，为她呐喊加油。

大约过了15个小时，她感到疲惫不堪，又冷又累，快要坚持不住了，于是，她呼喊着让人拉她上船。这时，她的母亲在船上告诉她，现在离加利福尼亚海岸已经很近了，千万不要放弃。可是，她朝前面望去，除了浓雾还是浓雾。她又坚持游了半个多小时，15个小时55分钟之后，她筋疲力尽，随从的保护人员终于把她拉上了船。

浓雾散去之后，她才知道，自己上船的地方离海岸仅有半英里的距离。

这是她长距离游泳生涯中唯一的一次失败。事后她对采访的记者说："说实在的，我不是为自己找借口，如果当时我能看见陆地，也许我能坚持下来。"

两个月之后，她成功地游过了这一曾经令她失败的海域。

这个故事揭示了目标的重要性，人若没有目标，就失去了斗志，更失去了约束自我的自律能力，最后终将走向失败。

人活在这个世界上总会受到各种事物的影响，外在环境也永远在变化，如果没有树立坚定而且明确的目标，就难以树立起自律能力，容易接受一些消极的影响，最终沦为失败者。相反，那些拥有明确目标的人则不会轻易被改变，所以他们显得更加执着、更有意志，也更容易成功。

你如果给自己树立了一个坚定而且明确的目标，不论它是大还是小，容易或者困难，你都会把自己生命中分散的力量集中到这个目标上，所以更容易在某个领域获得成功。

哈佛大学做了这样一个关于目标对人生影响的跟踪调查，对象是一群智商、情商、学历、环境等条件差不多的年轻人，调查结果发现，27%的人没有目标，60%的人目标模糊，10%的人有着清晰但比较短期的目标，3%的人有着清晰且长期的目标。

25年的研究结果表明，那些3%的有着清晰且长期的目标的人，25年来几乎都不曾更改过自己的人生目标。25年来，他们都朝着同一个方向不懈地努力。25年后，他们几乎都成了社会各界的顶尖成功人士，他们中多是行业领袖、社会精英。那些10%的有着清晰短期目标的人，大都生活在社会的中上层。他们的共同特点是：那些短期目标不断被达成，生活状态稳步上升，成为各行各业不可缺少的专业人士，如医生、律师、工程师等。其中60%的模糊目标者几乎都生活在社会的中下层，他们能安稳地生活和工作，但都没有做出什么特别的成绩。剩下的27%是那些25年来都没有目标的人群，他们几乎都生活在社会的最底层。他们遭遇了失业的境遇，靠社会救济，并且常常抱怨他人、抱怨社会、抱怨世界。

哈佛大学的这个调查用事实证明了一个真理——没有目标的人生，最终会被命运抛弃。

对于我们这些普通人而言，要想实现自己的梦想，就必须时时将梦想放在心里，不要放弃每一个为了梦想而努力的瞬间，这是奋斗过程中不能缺少的一环。

事实上，人其实就是一种"目标动物"。正如亚里士多德所说："人是一种追寻目标的动物。"当初诺贝尔为了制造出炸药，不惜投入数年光阴、无数家资以及自己和亲人的生命安全，只为实现自己的目标，到头来虽历经艰险，然而终有成功之时。李时珍为写《本草纲目》更是行万里路、读万卷书，放弃高官厚禄，付出数十载光阴，最后才终于万古流芳。我们实现自己目的的每一个过程，都是一个不断追求目标的过程。

人生目标的确立，能够使人们在规划人生的同时更理性地思考自己的未来。只有确立了正确的目标，我们才可能到达想要的境界。

总而言之，人若想有大成就，就必须有目标并专注于自己的目标。爱因斯坦也说："一个人只有以他全部的力量和精力致力于某一个事业时，才能成为一个真正的大师。"

以目标为中心，制订"个人成功"计划

只要一步步走下去，最终会实现那个遥不可及的"大目标"。

从实践来看，树立目标总离不开三个步骤：第一个步骤是确定自己的目标，第二个步骤是制订实现目标的计划，第三个步骤是做出时间安排，确保计划的实现。

每一个人都应该树立自己的目标，为了实现人生目的，我们必须有计划地去度过每一天。所以，有了人生目标之后还要学会计划，因为目标需要计划来实现。正所谓有人在计划成功，有人在计划失败，就是这个道理。

假如你想要去某个城镇，自己开着车，你脑海中自然会刻画出你想抵达的目的地，而且你会直接沿着这个方向前进。虽然你对自己选择的道路并不确定，可能会转错弯，沿着错误的方向走下去，可是你最终会找到正确的路，并抵达目的地。当你头脑中有一个明确的目的地，沿着正确的路去寻找，你就一定可以到达。

据说只有两种动物能到达金字塔顶端，一种是雄鹰，另一种是蜗牛。雄鹰靠的是自己的天赋——一双会飞的翅膀；蜗牛虽然很慢，而且经常会在向上爬的路上掉下去，只能从头再来，但是靠着自己的坚持，它还是爬到了金

字塔顶端。它眼中所看到的世界、收获的成就和雄鹰是一样的。

其实，每一个人的成功都是他实现自己的人生目标（包括小目标或大目标、短期目标或长期目标）的全过程。要知道，无论多么恢宏的理想，也是一个个小目标的集合。就像打仗一样，不管你的战略构想有多么宏大，都要先去计划好一城一池的得失。每个人在为理想奋斗的过程中要实现目标，就必须制订实现目标的计划。

没有计划的目标是空中楼阁，一个人必须以目标为中心，制订自己的"个人成功计划"。假如你给自己制订的目标很遥远，你也不要被自己的目标所吓倒，这会极大地影响你在实践目标过程中的自律能力。

如果我们想取得一定的成功，我们要做的第一件事就是必须建立一个坚定而且明确的目标。为了实现目标、实现自律，我们可以把远大的目标分解为若干个小目标，然后再依次渐进去实现它们。这样一来，每次实现一个小目标，内心就有一种成就感，自信心就会大增，这种成就感会进一步增强我们的自律能力。只要一步步走下去，最终会实现那个遥不可及的"大目标"。

1984年的东京国际马拉松邀请赛中，日本人山田本一出人意料地获得了冠军。在记者招待会上，他说出了自己赢得比赛的秘诀，原来，山田本一将马拉松全程分为好几个阶段。站在起点上时，他心里并不去想那漫长的数十公里路程该怎么坚持下去，而是只想着眼前这个阶段的不到1000米该如何跑完，这样一来，心理压力就降到了最低，发挥得也更出色了，最后终于赢得冠军，这就是分阶段实现目标的好处。

如果你想要提高你的英语水平，你就不能告诉自己："我要提升我的英语水平。"你应该说："我现在的英语水平是4级，我要在一年之内把英语水平提升到 6 级。"这就是明确的目标。只有拥有强烈的动机，你才能够克服一切困难，直到成功。一旦你的愿望开始燃烧起来，你将发挥出比任何人都坚强的忍耐力。

在有了目标之后，你应该给自己制订一个计划。我们经常会听到"计划不如变化快"，但你要明白"没有计划，你正在计划失败"。虽然计划容易发生变化，但不能因为变化而不去做计划。就是因为计划常常变化，所以我们更需要明确的、具体的、周详的计划。对于一件事情，你可以制订几个计划方案，当第一个计划发生变化时，你要马上修正你的计划，或者直接启用第二套方案继续你的计划。在制订和实施明确而周详的计划的过程中，你必须集中注意力去解决问题。陈安之说道："注意力等于事实。"要集中注意力，就像练武之人将全身所有的力量集中到拳头上去攻击敌人一样，要集中注意力，就要像老奶奶一样聚精会神地把线穿到针眼里。

每个人都要按目标所指出的方向努力，根据预订计划去考虑该采取什么样的措施。在做出几年、几月、几周的计划后，也要制订出相应的实施计划，然后把这些计划写下来，以便不断提醒自己。

当我们的目标看起来遥不可及的时候，我们不妨将奋斗目标长短结合，让自己不断体会成功的喜悦，保持那份进取之心。例如，一份需要五年才能实现的梦想，我们可以于每一年给自己设定一个标准，一旦实现这一目标，就可以对自己犒劳一番，体会成功的快乐。给自己树立新的目标，就会有新的方向、新的动力，这样自然能保持高涨的工作热情。

但是你也要明白，如果你树立多个目标，指引的力量将被分散，每个目标都会获得这种力量的一小部分，从而使作用变小，甚至根本不会产生任何作用。你是否有一个伟大的最终目标要去完成，而且在完成这个最终目标的过程中，你必须先完成一些较小的目标？那么让这些较小的目标静止不动，选择最近的或是第一个目标，在其中运用你的力量，一旦你完成了第一个目标，再继续完成第二个，如此继续。

曾国藩曾说，获取成功第一要有志，第二要有识，第三要有恒。简言之，就是说人应该有一个坚定的目标，然后持之以恒地走下去，就能获得成功。

目标多权树法

目标是一步步实现的。

对于我们每一个人来说，只要能够正确地确立目标并积极地去实现它，我们就会获得成功的人生。其中"确立目标"可以说是比较容易的，但是最难的就是如何实现目标。

很多人有着许多远大的理想，但是等到最后却没有去实践，这是因为他们已经被庞大的目标的困难度给击败了，实现目标所需要的勇气已经被心中的恐惧所击碎，所以，他们的目标很难实现。事实上，有很多目标看似很难实现，但是我们完全可以通过"目标多权树分解法"来实现它们。

那么，什么是"目标多权树分解法"呢？在为了回答这个问题而解释这个词组之前，我们先来看这么一则寓言故事。

一只新安装成功的闹钟和两只已经工作了很多年的钟放到了一起。

两只旧钟发出"滴答""滴答"的声音，它们一分一秒地按时走着。

新闹钟很好奇地问道："我们的工作很好做，是不是？"

一只旧钟对新钟说："非常艰难，我甚至对你有点担心，担心你走完了3300万次后，就已经吃不消了。"

"天啊，3300万次，太不可思议了！"新钟吃惊地说道，"要我完成这么难的事，恐怕我做不到。"它非常绝望地站着。另一只旧钟对它说："别听它乱说，你一点都不用害怕，你只要每秒钟'滴答'一声就可以了。"

"原来是这样简单！"新钟高兴地喊了起来，"只要这样做，那就简单多了，好吧，我现在就开始滴答了。"新钟非常轻松地每秒钟便"滴答"摆一下。转眼之间，一年多过去了，它摆了3300万次。

这个寓言故事告诉我们，通常在一个很大的目标面前，人们经常会因为目标的艰辛而感到失望，甚至怀疑自己有没有能力完成，自律性更是无从谈起。可是，当我们在一个小目标面前的时候，我们却总是会充满信心地实现它。

人们常说，人往高处走，水往低处流。是啊，每个人都有自己的人生追求，可有的人喜欢把目标定得过高过大，因为不切实际，非但实现不了，反而会对自己造成伤害，让他们陷入失败征候群中无法自拔，甚至拖累自己一生。因此，一切从实际出发，冷静分析自己的强项和弱势，不好高骛远、不贪多求大，才能做出明智的选择，才能脚踏实地、一步一个脚印地实现自己的人生目标。

在英国的国会大厦西南侧耸立着英国最古老的建筑物——威斯敏斯特教堂，在这里长眠着从亨利三世到乔治二世等二十多位国王，憩息着牛顿、达尔文、狄更斯等科学家、文学家以及第二次世界大战中于"不列颠之战"牺牲的皇家空军将士。在一个不显眼的角落的一块墓碑上刻着一段非常著名的话：当我年轻的时候，我的想象力从没有受过限制，我梦想改变这个世界。"当我成熟以后，我发现我不能够改变这个世界，我将目光缩短了些，决定只改变我的国家。当我进入暮年以后，我发现我不能够改变我的国家，我的最后愿望仅仅是改变一下我的家庭，但是，这也不可能。当我现在躺在床上，行将就木时，我突然意识到，如果一开始我仅仅去改变我自己，然后作为一个榜样，我可能会改变我的家庭；在家人的帮助和鼓励下，我可能为国家做一些事情；然后，谁知道呢？我甚至可能改变这个世界。"

通过这段充满懊悔的文字，我们应该懂得成功的最佳目标不是最有价值的那个，而是最有可能实现的那个。因此，无论何时何地，我们都要正确估量自己、正视自己。如果你是一棵小树，那就一心一意地把根扎进沃土；如果你是一只船，那就扬起高高的风帆；如果你是水，就要成为一股奔腾的活水去投奔大海……

相反，如果我们将每一个大目标分成若干个小目标去实现，那么只要我们实现了每一个小目标，大目标距离我们也就不远了。

的确，目标是一步一步地实现的，想要实现目标就应该由小目标到大目标、一步一个台阶地去前进。如果我们在设定目标的时候将大目标转到小目标，一层一层地分解，再将每一个小目标转换成很多更小的目标，那么，当我们在实现每一个小目标之时，我们就能备受鼓舞，而且我们会很清楚自己现在该去做什么。

所谓"目标多权树法"又叫"计划多权树"，就是指用树干代表"大目标"，用每一根树枝代表那些"小目标"，用叶子代表现在就要去做的目标。这是一种很有条理的划分方法，能把一个个宽泛的目标分解成具体的目标，能够让我们更好地去工作。

那么，我们如何运用"目标多权树分解法"呢？

将那些大目标写出来，然后问问自己：实现这些目标需要什么样的条件？然后列出实现目标的相关条件。而这些需要完成的条件就是我们达成这一目标之前必须实现的小目标。因此，每一个小目标都是大目标上的树杈。

紧接着再问问自己：要实现这些小目标的相关条件是什么？然后，写出实现每一个小目标所需要的"必要条件"与"充分条件"。这样一来，我们就会找到这些小目标上的"树杈"。依次类推，等我们画出了所有的"树叶"，我们就算是完成了该目标的"多权树"的分解。每一个目标到最后都可能被描绘成一棵枝繁叶茂的大树。所以，一棵完整的"目标树"就是一套完整的实现这一目标的具体行动计划。

检查"目标树"的分解是否具体，只需反过去从叶子到树枝，再到树干不断地去数，然后不断地问：如果这些小目标都没有实现，那么这些大目标就一定会实现吗？如果"是"，那么就表示这个分解是具体的；如果是"不一定"，那么就表明我们所列的小目标还不够充分具体，需要继续补充被忽略的小目标。

目标多权树分解步骤如下：

(1) 写出一个很大的目标。

(2) 写出实现这一目标所有的"必要条件"和"充分条件"，再将这些条件作为小目标，即我们所说的第一层树杈。

(3) 写出实现每一个小目标所需的"必要条件"和"充分条件"，这些条件就是我们所说的第二层树杈。

(4) 依此类推，直到画出所有的树叶之时就表示实现了目标，这才算完成了这一目标。

(5) 检查"多权树"的分解是否具体，就应该不断检查，如果小目标都没有实现，那么大目标肯定就没有实现。如果小目标都已完成，那么所列的条件已经足够充分，大目标也已经实现。

（6）评估目标。所谓的目标评估可以分为"目标合理性评估"与"计划可行性评估"两大类。这两种评估的核心就是对于目标大小的正确评估。

①评判标准之一：当目标被完全分解完全后，发现在单位时间无法完成"树叶"显示所有的工作量，那么就表明这一目标太大，还需要继续分解。

②评判标准之二：当目标被完全分解之后，发现在单位时间内可以轻易完成"树叶"显示的所有工作量，那么表明这一目标太小。

（7）判断目标能否实现。将目标"多杈树"分解完后，如果列出的条件全部是"必要条件"，那就表明即使这些小目标全部达成，那么大目标也不一定能够实现。如果列出的条件是"充分条件"，就算除了"必要条件外"还有充分的条件，那就表明只要小目标全部实现，这一大目标就一定能够实现。假如小目标全部实现了，但是大目标却不一定达成，那么则表明分解时忽略了其他辅助条件，这时候我们就应该立即予以补充，直到所有的条件完全充分为止。

以上是目标管理的几个原则，而这些原则的实施必须依赖人的自律精神。人之所以区别于动物就在于可以自律，动物的一切行为皆源自于本能，而人的行为却要控之、制之、律之，只有这样才能有德。人有德才称之为人，只有最简单的行为而无德，与动物有何异？诚然，自律不易。正如柏拉图所说，自律是对于快乐与欲望的控制。每个人在纷繁复杂又充满诱惑的世界中前行，势必会受到各种各样的诱惑。这时，阻碍自己前进、破坏自己艰苦努力的敌人往往不具备足够坚定的意志，没有顽强意志力的支撑，自律只是一纸空文，你必须时刻强迫自己做不愿做却不得不做的事情。比如，上操时挺拔的军姿是必需的，但你却筋疲力尽、大汗淋漓，如果你随便乱动，就是在放纵自己的行为；如果你克服疲惫、坚持到底，就是你自律的表现。

自律的养成是一个长期的过程，不是一朝一夕的事情，因此要自律，首先就得勇敢面对来自各方面的一次次对自我的挑战，不要轻易地放纵自己，哪怕只是一件微不足道的事情。一次放松似乎是茫茫人生大海中的一朵浪花，而一时的懈怠似乎只是漫漫机遇中的一粒沙砾，但一次次放松与懈怠的累积就会演变为顽固不化的恶习，最终在自己的松懈散漫下将会惨烈地败给自己。

按照预定计划前进

制订计划，按照计划行动，梦想就会一步步靠近。

与其紧张地工作，不如轻松地前进。要想能够轻松地前进，就应该有一个完善的计划以及按照计划一路向前的自律精神。

很多计划是为实现一定的目标而在事前对相关的措施和步骤进行了部署。因此，我们在做任何事情之前必须要有计划，如果不能达到预期的目标，那么就表明计划失败。

伊索寓言中有个《蚂蚁和蝉》的故事。

冬天的时候，蚂蚁在晾晒受潮的粮食。这时候，一只饥肠辘辘的蝉向它乞讨。蚂蚁对蝉说："为什么你不在夏天的时候为自己储存点粮食呢？"

蝉回答说："那时候，我还正在唱着悦耳的歌曲，根本就没有工夫做这些事。"蚂蚁笑着说："如果你夏天的时候吹箫，那么冬天的时候就去跳舞吧。"

从这个寓言故事中，每一个人都能体会出利用时间的态度不同，我们命运的境遇自然也就不一样。有了计划，我们做工作时才会有方向和重点，工作起来才能有条理。作为一个整日都非常繁忙的职业人士，为了拥有更多的时间，就必须养成制订计划的优良习惯。养成一个好习惯，会使我们每做一件事就向我们的梦想靠近一步。

根据马肯基氏的调查报告显示，在计划上投入较多的时间的人和没有投入很多时间的人相比，前者能够在非常短的时间内实现计划，而且效果非常不错。这表明，有效的计划能成为高效利用时间的奠基石。有的人可能会抱怨自己总是没有时间制订计划，可以说，这样的做法根本就是借口，这样的人别想得到预期的效果。马肯基氏对此提出了警告："一流的企业员工做事必须在计划的指导下进行。我们与其紧张地工作，不如轻松地前进。花一点时间全部安排好计划，就能够让我们在行动过程中节省很多的时间。"

美国前总统罗斯福就是一个注重计划的人，他总是会把自己该做的事全部记录下来，然后去拟订一个整体的计划表，规定自己要在某些时间内做某些工作。正因为如此，他总是按照自己的时间计划去做事情。通过他的日程表就可以看出：上午九点钟的时候，他与夫人在白宫草地上悠闲地散着步，等到晚上的时候再去招待客人吃饭，一天的时间被他安排得井井有条。等到他该睡觉的时候，因为所有该做的事都完成了，所以他可以放心地去睡大觉。

按照时间和内容，大体上可以将计划分为这么几类：日计划、周计划、月计划、季度计划、年度计划以及专项计划等。

那么，我们如何做好月计划呢？

月计划一定要比周计划更加宏观。一般来说，月计划包括下一个月要去做的重要事项，因此月计划是一项相对长期的计划。一定要指出的是：月计划必须是与企业的目标以及部门在某一段时间周期内的工作内容都紧密地联系在一起的。

例如，一个人在未来一个月内要完成一个目标，那么他可以把月目标分成四个周目标来实施。

通常来说，周计划必须遵从月计划，因为很多重要的工作不是在一周之内所能完成的，而是一个连续的过程。但是任何计划都永远赶不上变化，谁也不可能预先制订出一个完美无缺的月计划。

在做周计划之前，应对所有的工作进行一次全面性的检查，然后再根据工作目标、月计划、工作日志、排定的活动、待办的事项等去安排周计划，因为这样做能够安排好工作的优先顺序。

为了确保按时完成计划，必须将计划写下来，这样做可以控制和利用好时间。每日计划可以包含下列内容：

（1）当天目标，就是我们必须当日完成的工作。

（2）预留事项，预定的特别事项所应该准备的时间。

（3）待做事项，并不是很重要的工作。

制订和实施日计划的五个步骤如下：

（1）把每一个目标任务清楚地写出来。

（2）确定当天的重要事项，提前安排好优先顺序。

（3）准确估算一下时间的长短。

（4）写出自己的行动方法和工作步骤。

（5）预测可能出现的问题并制定出相应的应对措施，留一些缓冲时间给随时可能会发生的变故。

最好在每天晚上做好次日的日计划,并检查每天所做的工作是否与周目标相吻合。一周之后,检查所做的工作是不是与月目标相一致。以此类推,检查我们每个月所做的工作是不是与季度目标相一致、今年所做的工作是不是和我们的人生目标相一致。

在制订日计划之时,一定要清楚地考虑到计划的弹性,千万不能将计划制订在自己的能力所不能达到的高度,而应该制订在自己的能力所能达到的范围,因为我们每天都会遇到一些随时会出现的突发情况,或者领导交办了新的临时任务。如果我们每天的计划都是排得特别满,那么在我们执行临时任务时就必然会挤占我们早就制定好的工作时间,因此原计划就肯定完不成。久而久之,我们的计划就会失去严谨性,领导也会认为我们不是一个很有时间观念的员工,我们自己对制订计划这项工作也会逐渐产生怀疑心理。

如果计划要做的工作没有做完,我们就应该马上去做,而不是为拖延去找借口。如果一个职场人士总为自己的拖延找借口,不仅会浪费时间,工作效率也难以保证。更重要的是拖延还会消磨人的意志,会纵容人的惰性。因此,一旦拖延形成一种习惯,就会使我们对自己越来越没有信心,总是会不停地怀疑自己的能力、怀疑自己的价值目标,甚至会让我们的性格变得犹豫不决。

选择专一的目标，全心投入

人生的目标不在于多少，而在于是否专一。

杂而不精和择一而专哪个更好？也许有人会说，杂而不精更好，因为这样的人懂的更全面，或者有人说两者都没有最好，只有更好。但是经过自律的考量，我们要说的是，择一而专更好。

人生的目标不在于多少，而在于是否专一。有的人的目标繁杂不均，不知道该从何下手。虽然目标很多，但是要自己身体力行，能够达成的人却寥寥无几。如果是这样的人，不管过了多久，等到我们回过头再去看的时候就会发现，其实，他们一直在路上，一直在路的起点，永远都是在岔路口上徘徊，不知道自己该走哪条路。

在国内有一位非常出名的花鸟鱼虫画，家在他16岁的时候就举办了个人画展。他的作品被选送到美国、法国等国展出，被世人称为"天才画家"，种种荣誉铺天盖地地向他涌来。但是，这位画家依然坚持自我，该如何作画还是如何作画，不为名利所动。

在一次画展上，有人走过来问画家："你现在取得了这么大的成就，是什么样的力量让你从众多画家中脱颖而出呢？一路走来，你是不是感觉非常艰难？"

画家微笑着说："其实一点都不难，在最开始的时候，我本来是很难成为画家的。在当时，我父母非常希望我能全面发展，我不仅喜欢画画，还喜欢游泳、打篮球，等等，不仅是我父母希望，我也希望我自己能全方面发展，而且各个方面都要有所成就。正在我迷茫、准备全面发展的时候，我的老师找到了我。"

画家继续说："老师拿来一个漏斗和一把玉米种子，让我把手放到漏斗下面接着。老师先把一粒种子放到漏斗上，那粒种子很顺利地就滑落到我的手中了，如此再三，结果都是如此。老师把一把玉米种子都放到了漏斗里，但是因为玉米种子相互拥挤，竟然一粒种子都没有滑落到我的手上。这时，我才知道，我的人生目标太多，反而会得不偿失，所以我必须找到一件自己最喜欢的事情，然后全身心地投入，这样我才能取得成功。为此，我放弃了篮球等诸多爱好，全身心地投入画画中来，最后才取得了今天这样的成就。"

故事中画家的感悟不可谓不深刻。人生有太多的牵绊，年龄越大，牵绊越多，如果我们被众多不必要的目标所左右，那么我们的人生将会变得杂而不精，长此以往，我们就很难取得大的成就了。心有多大，我们梦想的舞台就有多大。但是我们需要的是专一的目标，如果目标太多的话，舞台的负重就会变大，很有可能承受不住，最后免不了出现倾塌覆灭的危险。

很多人会问：世上的路有千千万，哪一条才是属于自己的康庄大道呢？答案是，能够吸引到你的就是最好的。我们每个人的一生会走无数条路，但是，能够让我们记忆深刻的道路就只有几条，而这几条路，有的让我们获得了成功，有的则让我们失败，但是自己觉得已经尽力了。尽自己的全力去做一件事，如果还是没有做成，就算失败了，我们也不会觉得后悔。

在人生的千万条道路中，要找到真正适合自己的道路，这样，我们才能发挥出自己的自律意识，才能够让自己不断为之奋斗。你可以在这条路上尽情地奔跑，因为你的激情在这条路上永远都会被感染而不会消退，因为你将会执着于自己的目标，它可以让对它感兴趣的人全身心地投入，永远不知疲倦。

有的人一辈子做了很多事，但是能让人记住的却一件也没有；有的人一辈子只做了一件事，却让人记忆犹新。成功者不是处处都比别人强，而是他们比其他人走对了几步路，而这几步路就是自律意识在起关键作用。

很多人总是习惯变换目标，今天确定的目标，明天就会对自己产生怀疑、见异思迁，把自己刚刚确定下来的目标否决掉。有的人常常想，人生目标要慢慢找，欲速则不达，就这样一直找到了最后，纵然到了人生尽头，这些人仍然没有找到属于自己的目标。目标要早早确立，我们在孩提时代就听老人们说过"三岁看小，七岁看老"。确立目标要趁早，奋斗更要趁早。没有目标的人生是可怕的，如此，你的人生将会像一叶浮萍一样，风雨的走向就成了你人生的方向，这样的人生是没有意义可言的。

专一的目标会带领我们走向成功，而在通往成功的路上，我们会感受到目标给我们带来的强大气场。我们都知道佛家以坐禅修身，而坐禅就是专一，就是要求心无杂念。如果心中想得太多、目标太多、尘世纷扰太多，就容易被影响，便根本做不到心无旁骛。目标专一并不是一纸空谈，比如"杂交水稻之父"袁隆平、"两弹一星"功勋奖章获得者钱学森、万有引力的发现者牛顿，等等，正是因为他们有专一的目标，永远都在路上奋斗，最终成就了他们伟大的一生。

我们知道，成大事者不拘小节，但是成大事者更要学会摒弃次要的目标，抓住主要目标，因为主要目标对我们的影响是最强大的，而目标太多，反而会让我们的自律意识分散，我们要做的就是抓住主要目标，舍弃次要目标，让所有的精神力量为自己的主要目标服务，这样，我们的目标才能离我们越来越近，而黎明的曙光也终将会到来。

第十章　言行决定习惯：
管好言行，控制自我的言行习惯

> 言行决定习惯，控制好一言一行就掌控了自己的习惯。习惯的力量巨大无穷，有良好的习惯能轻松地超越自我，跨越艰难。谨言慎行，侧耳听智慧，专心求聪明。

谦虚好学，完善自己的影响力和人品

> 只有谦虚的人才能得到智慧。

山原本高大，但处于地下，高大就显示不出来，所以人们往往看到的只是冰山一角。对于人来说，虽然德行很高，但能自觉地不显扬，这就是我们说的谦虚之美德。也就是说，谦虚是有才华而不自以为有，有很高的才能和品德却不去自我表现。

任何人在潜意识里都是争强好胜的，自负是人的本性之一。喜欢表现自我本来是人的一种正常的欲望，但任何事物都是过犹则不及。生活中，我们经常会遇到一些总爱过度表现自己的人，他们总喜欢指出别人这件事做得不合适,那件事做得过分,似乎他们什么都行,对什么都可以说出个所以然来。他们之所以摆出这样一副"万事通"的面孔,就是唯恐被人轻视。这种自负其实恰好是自卑心理的曲折表现。本来,他们炫耀的目的就是要提高自己的地位,殊不知,这样做的结果只能使他们更遭人厌恶。东汉末年的杨修就是这种人。

杨修以才思敏捷、颖悟过人而闻名于世,他在曹操的丞相府担任主簿,为曹操掌管文书事务。

一次,北方来人向曹操进献一盒精心制作的油酥,曹操开盒尝了尝,觉得味道很好,因此连说了两声"好",随即盖上盒盖,在盒上题写了醒目的"一合酥"三个字后便走开了。

曹操的侍从们凑到了一起,七嘴八舌地议论起来,谁也不知曹操的葫芦里卖的是什么药,决定请杨修来琢磨琢磨。杨修来后,思索了一会儿,便动手打开这盒油酥,一个老文书连忙说:"不要动,这可是丞相喜欢吃的呀。"杨修对大家说:"正是因为它味道好,丞相才让我们一人一口分了吃的。"老文书不解地看着杨修,杨修淡然一笑说:"这盒盖上的'一合酥'三个字不正明白地告诉我们'一人一口酥'吗?"后来曹操得知杨修猜中了他的心思,心中不禁顿生忌妒之意。

建安十九年春,曹操亲率大军进驻陕西阳平,与刘备争夺汉中之地。刘军防守严密,无懈可击,又逢连绵春雨,曹军出战不利。曹操见军事上毫无进展,颇有退兵的意思。

这天,曹操独自一人吃着饭,同时也在思考下一步的行动。一个军令官前来请示曹操,问当晚军中用什么口令。因为军中规定每晚都要变换口令以备哨兵盘查来人。此时,曹操正用筷子夹着一块鸡肋骨,于是脱口而出:

"鸡肋。"军令官听后并没有觉察出什么奇怪。

消息传到杨修耳朵里，他便整理笔札、行装，做离开的准备。一个年轻的文书见状后问道："杨主簿，这天天要用的东西有什么好收拾的，明天还不是要打开吗？"

"不用了，小兄弟，我们马上就可以回家了。"杨修诡秘地一笑说。

"什么？要回家了？丞相要撤退，连点蛛丝马迹也没有呀？"小文书不解地看着杨修。杨修淡然一笑说："有啊，只是你没有察觉到罢了。你看，丞相用'鸡肋'做军中口令，'鸡肋'的含义不就是'食之无肉，弃之可惜'吗？丞相正是用它来比喻我军现在的处境。凭我的直觉，丞相已考虑好撤军了。"

消息又传到夏侯惇那里，夏侯惇听了也觉得有理，便下令三军整理行装。当晚，曹操出来巡营时一见，大吃一惊，急传夏侯惇来查问。夏侯惇哪敢隐瞒，照实把杨修的猜测告诉了曹操。对杨修早已不的曹操立即以惑乱军心的罪名把杨修给杀了。

一个人有才能是件好事，如果再能用谦虚的美德来装饰，那就更值得敬佩了。任何一个人即使在某一方面有很高的造诣，也不能够说他已经彻底精通。任何一门学问都是无穷无尽的海洋，都是无边无际的天空……所以，谁也不能够认为自己已经达到了最高境界而停步不前、趾高气扬。如果是那样的话，则必将很快被他人赶上并超过。

虚怀若谷、虚心好学才能容纳真正的学问和真理，才能取人之长、补己之短，日益完善自己的影响力和人品。

爱因斯坦是20世纪世界上最伟大的科学家之一。然而他在晚年仍在不断地学习、研究。

  当有人问他："您的学识已经非常具有影响力了，何必还要孜孜不倦地学习呢？"爱因斯坦并没有立即回答这个问题，他找来一支笔、一张纸，在纸上画上一个小圆和一个大圆，对那个人说："在目前的情况下，在物理学这个领域里可能我比你懂得略多一些，正如你所知是这个小圆，我所知的是这个大圆。然而整个物理学知识是无边无际的。对于小圆，它的周长小，即与未知领域的接触面小，它感受到自己的未知少；而大圆与外界接触的这一周长大，所以更感到自己未知的东西多，会更加努力地去探索。"

  爱因斯坦的一席话真是令人回味无穷。

  的确，只有谦虚才能学到更多的知识。人外有人，天外有天，我们懂得的一切都没有什么了不起的，更不要说处处表现自己、好为人师了。

  不论你的目标是什么，如果你想要追求成功，谦虚都会是你必要的特质。在你到达成功的顶峰之后，你会发现谦虚更重要，只有谦虚的人才能得到智慧。

狂妄，是无知的表现

人之不幸，莫过于自足。

在生活中，我们会发现有这样一种情况：一个人一文不名的时候显得比较谦虚，但一旦得势后便居功自傲、恃才傲物、盛气凌人，再也不低调了。这样的人，就是缺少自律的心境，他们会随着自己处境的变化而放任自己的负面情绪。

按照系统论的观点，任何一件事都不是孤立存在的，而是只能存在于一个系统之中。想一想宇宙之大、人际之繁，一人之功、一己之才算得了什么？更何况每一个人的"功"和"才"都是要靠着别人的帮助才能实现的。所以，才大而不气粗、居功而不自傲才是做人的根本。

如何能在飞黄腾达之后保持自己的低调作风？答案是需要人的自我约束、自律。

保持低调的自律确实很难，家财万贯、掌握大权，却还能低调做人、谦虚谨慎，对于每一个人来说都不太容易。所以，我们一定要有足够的自律精神，要管住自己那颗心。

我国近代著名大学者顾炎武认为，做人的最大美德就是低调自谦。他说："昔日之所得，不足以自矜，后日之所成，又不容以自限。"

一个人如能感到自己的"吾不如"，就必然会感到自己尚有"吾不知"和"吾不足"，只有这样的人才能真正具有虚怀若谷的品德。

一个人到达了"吾不如"的境界，就能很容易体会到自己的不足。金无足赤，人无完人。即使自己做得再好，也还会有很多不足。越是有自知之明的人，越会知道自己的不足。明代大家方孝孺说过："人之不幸，莫过于自足。"只有知道自己的不足才能找到前进的目标和动力。

老子认为"兵强则灭，木强则折""强梁者不得其死"。老子的这种与世无争的谋略思想深刻体现了事物的内在运动规律，已为无数事实所证明，成为广泛流传的哲理名言。

人要保持内敛的心态，不要高谈阔论，即使与人谈话，话题也不能永远以自我为中心，不要随便把自己心中的牢骚倾诉给别人，更不要意气用事，那些真正有本事的人都能沉得住气，管得住自己的嘴，以免言多语失。

话说得少，从不妄语，会使人变得有涵养，也更容易显现出自己的威严。相反，不懂得低调的人往往高谈阔论，殊不知，言多必失，到头来反而被他人抓住把柄，让自己陷于被动之中。

富兰克林是美国的政治家、科学家、《独立宣言》的起草人之一。

一次，富兰克林去拜访一位前辈，当他准备从小门进入时，因为小门低，所以他的头被狠狠地撞到了。出来迎接他的前辈看到这一幕，语重心长地对他说："很痛吧！这或许是你今天拜访我的最大收获。一个人要想在这世上好好活下去，就必须时时记得低头，这也是我要教你的事情。"

正如富兰克林的前辈所说，人在世上，不管是身居高位还是春风得意，都应该保持低调的行事风格。

一个人做出张牙舞爪的高调行为，非但不会受到他人的尊重，反而会让他人看轻。

用倾听代替倾诉

侧耳听智慧，专心求聪明。

在人际交往中，我们常犯一个毛病，那就是自己侃侃而谈，完全不顾及别人的感受，这样很容易让身边的人感觉你比较浮夸、过于自我。所以，我们应该自律一些，让自己把更多的时间用于倾听，多听取身边人的意见或者建议，给他们空间和时间，多去体会他们话语的意思，这样，你身边的朋友才会注意到你，才会对你有一个好印象，这是一种倾听的自律，它会让你更加智慧，更能赢得别人的好感。

侧耳听智慧，专心求聪明。每个人都希望被别人了解、理解，所以，人们才有了说话的欲望以及表现自己的欲望。但是，凡事有度，如果话太多，只会让别人反感。我们应该做的是设身处地地为他人着想，站在对方的角度去思考问题，管好自己的嘴巴，该说的时候说，不该说的时候就认真地听，这样才能让身边人感到你对他们的尊重。

很久以前，有一个小国派使者到中国朝拜，这名使者带来了3个一模一样的小金人，活灵活现。皇帝非常高兴。使者不仅送来了3个金人，而且还提出了一个问题："这3个金人哪个最有价值？"

皇帝想了很多办法，命人去称3个金人的重量，并且让能工巧匠去研究小金人的做工，但是比较了半天，也没发现这3个金人有任何差别。皇帝便着急了，心中质疑："天朝上国怎么能连小国的问题都答不出来？"

这时，有一位大臣站了出来，他准备了3根稻草。当稻草插入第1个金人耳朵里的时候，就从另外一只耳朵里出来了；当稻草插到第2个金人耳朵里的时候，就从嘴巴里出来了；当稻草插入第3个金人耳朵里的时候，就到了肚子里，再也没出来。

大臣说："第3个金人最有价值。"

皇帝若有所悟，奖赏了大臣。使者听了皇帝的答案后也点头称是："真正有能力的人，是会倾听、会思考的人，而不一定是最能说的人。"

最有才华的人不一定是最能说的人。老天给了我们一张嘴巴和两只耳朵，为的就是要我们少说多听。生活中，我们要善于倾听，只有用心去倾听，才能及时了解别人的想法；善于倾听才是一个人成熟的表现。

有些人认为，自己说话越多，就显得越有才华。其实，这种想法是非常错误的，真正有大智慧的人绝不会滔滔不绝，而是会聚精会神地倾听。倾听是舌灿莲花的前提，倾听要有侧重点，要学会过滤，只有这样，倾听的重要作用才能发挥出来。

倾听是一种智慧。当你在意某个人的时候，你才会愿意静下心来倾听；反之，如果你对这个人不怎么看重，也就不会有这样的耐心了。倾听更是一种慈悲，因为你可以站在对方的立场去思考问题、去帮助对方解决问题，这才是真正的朋友应该做的。

舍弃不必要的话语，认真倾听，才能听懂一个人的心。等到你专心听完对方说的话之后再发言，就会显得更有力度。放下说话的冲动，先去倾听，听到别人的需求，才能用最简单的话语打动对方。

倾听可以让我们感受到对方心底的声音，如果我们只是滔滔不绝地去说，只会让最真实的声音消失。倾听可以给别人一种随和的感觉，还可以让别人感觉到你的真诚。倾听是我们每个人内心的需求，我们需要别人了解自己，需要朋友知心，最重要的就是需要对方的倾听与理解。

俯下身去倾听，往往可以听到别人心底的声音，不管如何，你愿意听，对方愿意说，这样才能让彼此之间的关系更加融洽。不要过于虚荣，总想展现自己，这样只会让你丢失对别人的尊重。如果长此以往，你就会失去越来越多的朋友。

知人知面，不如知心。知心要从哪里开始？知心就要从倾听开始，倾听是了解一个人的最佳方式，倾听能让你在最短的时间里了解到别人更多的信息。只有通过倾听，你才能获得越来越多的朋友，而成功也将会在下一秒钟出现。

用自律控制言行

严格自律，是迈向成功的第一步。

人们常说，病从口入，祸从口出。说话的时候很有可能出现歧义，会让别人误解，这就要求我们学会"说话"，让自己说错的话语在脑海里沉淀一下，然后再想想让误解消失的方法。我们应该顺着对方的思路说，慢慢把对方带到自己的思路中。一个人是否成熟、是否自律，能不能管住自己的嘴是一个很重要的标准。

在现实生活中，经常会出现"言者无心，听者有意"的情况。也许我们感觉自己说的话是很好的，但是传到别人耳中也许就不是如此了。被误解是人之常情，毕竟，我们从嘴中说出的话语是我们内心的表达，而对方又不是我们肚子里的蛔虫，无法知道我们话语中所要表达的正确思想。但是面对别人的误解，我们需要控制自己的逆反情绪和攻击欲望，适当忍让，然后再去解释，用简单易懂的语言来阐述自己的思想，这样才会消解对方的怨气。这就需要我们有足够的自律来控制自己的言行。

韩岩是一家汽车维修公司的老板，但是公司效益却一直都不怎么好，这让他很是苦恼。为了找到答案，这天他决定悄悄地跟着自己的员工小郑，想看看他究竟是如何与客户沟通的。

小郑从公司出来，来到了一家咖啡馆，一位意向客户正在那儿等他。与那位客户见面后，小郑说："王先生，贵厂的情况我已经分析过了，我发现你们自己维修花的钱比雇用我们干还要多，是这样吗？那么您为什么不找我们呢？"

王先生点了点头，说："对，确实是这样，我也认为我们自己干不太划算。不过，我承认你们的服务不错，但你们毕竟缺乏电子方面的……"

听到这里，小郑打断了他的话，急忙解释道："王先生，请您允许我解释一下。我想说，任何人都不是天才，修理汽车需要特殊的设备和材料，比如真空泵、钻孔机、曲轴……"

王先生没有生气，心平气和地说："你说得有道理。但是，你误解了我的意思，我想说的是……"

"我知道，我明白您的意思。"还没等王先生说完，小郑又一次打断了他,"可是,就算您的部下绝顶聪明,也不能在没有专用设备的条件下干出有水平的活儿来……"

看到小郑五次三番地打断自己,王先生不免有些生气了,冷冰冰地说:"你能让我把话说完吗?你还没有弄清我的意思,现在我们负责维修的伙计是……"

"王先生,你想说什么我都知道!"小郑没有发现对方的不满,只顾自己说道,"现在,王先生,请您给我一分钟,我只说一句话,如果您认为……"

终于,王先生忍无可忍了,他站起来狠狠地拍了下桌子,吼道:"行了!别说了!你现在可以走了,以后你也不要联系我了。"

躲在远处的韩岩看到这一切,不由得满脸通红。回到公司,韩岩狠狠地批评了小郑一顿,并亲自拜访了王先生。他主动向王先生赔不是,还认真听取了王先生的建议,尽量消除了王先生的误解,让双方的合作得以继续进行。

五次三番打断对方的述说正是小郑失败的关键原因。他无法控制自己的言行,所以才会导致一次营销的失败。其实,不论在任何时候,我们都要学会忍让,这是每个人在任何岗位都应掌握的,因为退让可以消除误解,可以让我们站在对方的角度去思考,说出让对方能够坦然接受的话语。只有这样,双方才能相互理解,展现出交流沟通中最美好的一面。

往前一步是黄昏,退后一步是人生。适当的时候,学会退让就是成功。说话也是如此,当你希望把自己的思想传达给别人的时候,就应该学会忍让,做事说话都要留一线。只有管好自己的嘴,才能让自己少犯错误。

张谦和王雪青梅竹马,学生时代,两个人都很好强,当时,张谦的眼中只有学业和爱情,并没有感受到多大的压力。王雪发火的时候,张谦总是习惯性地温柔劝解，忍让着王雪。

　　张谦和王雪大学毕业之后就结婚了，从大学到工作，张谦和王雪都完成了人生的转变，有了自己的家庭，两个人感觉自己肩上的担子又重了。

　　王雪每天仍然会有不愉快，每天都会为了一些鸡毛蒜皮的小事和张谦争吵。张谦初入职场，工作的压力便铺天盖地地压到了他的身上，这已经达到了张谦的心理极限，再加上王雪每天发牢骚，这让张谦实在不能忍受。

　　人都有个忍耐的限度，工作的压力让张谦没有发泄对象，对待王雪的牢骚，张谦就再也没有往日的温柔细语，取而代之的却是无情的反驳。

　　几个月之后，他们之间的矛盾更加激化，两个人谁都不愿让步，最终，两个人选择了离婚。

　　生活中，人们每天都要背负众多压力，谁都想回到家中卸下一天的疲惫，如果连这点要求都满足不了，只会让爱情支离破碎。其实在其他方面也一样，在遇到口角之争时，我们不妨变得自律一些，管好自己的嘴，让自己退让一步，也许事情就会有转机。

说话要语言精辟，言简意赅

言不在多，达意则灵。

从一个个交际失败的事例中，我们最能体会出的就是"言多必失"。好的语言并不在于多么精美，扣人心弦则好。但是很多人往往管不住自己的嘴，常常是长篇大论，想说什么就说什么，最后给自己带来了无尽的麻烦，所以我们需要自律来控制自己这张嘴。

高尔基曾说："简洁的语言中有着最伟大的哲理。"在当前这个信息时代，我们的生活节奏加快了很多，人们都不再喜欢那些繁杂冗长的空话及套话。因此，我们说话要达到简洁明快、思路清晰。不过，不要因为词语贫乏而表达得词不达意、思维模糊、语无伦次。所以，我们在说话时应要求自己长话短说，要"过滤"出最精辟的语言，恰如其分地表达出自己的意思，可以省略的语言就坚决省掉。

1863年11月19日，美国总统林肯应邀到会演讲。不过，因为这次仪式的主讲人是艾弗雷特，林肯只是因为自己是总统才被邀请，所以，他排在艾弗雷特之后"随便讲几句适当的话"。艾弗雷特是个著名的政治家，也是一个很有学问的教授，而且是当时被公认为全美最会演说的人，尤其是擅长纪念仪式上的演讲。因此，在这个典礼上，他那长达两个小时的演讲打动了到场的每一位来宾。

那么，在这样一种情况下，林肯该怎样讲才能和观众建立良好的互动关系，最终赢得大家的掌声呢？于是，林肯决定以简洁合理取胜。结果林肯大获成功，他的演讲只有短短的10句话，从上台到走下台来也不过两分钟，可掌声却整整持续了10分钟。

林肯的这场演讲不仅赢得了每一名听众的热情，而且还轰动了整个美国，当时的报纸评论说："这篇短小精悍的演说是无价之宝，感情深厚、思想集中、措辞精练，字字句句都很朴实、优雅，行文完全无疵，完全出乎人们的意料。"

艾弗雷特也在第二天写信给林肯，他在信中说道："我用了两个小时才接触到了你所诠释的那个思想，而你仅仅用了两分钟就说得清清楚楚。"后来，林肯这篇出色的演讲词被铸成金文存入牛津大学图书馆。林肯的这次演讲获得巨大的成功，给了人们一个重要启示：简洁明快的语言会使我们说的话更有魅力。

在交流中，要想得到好的效果，那么我们的语言必须简洁明快，要能使每一个倾听者在较短的时间里收获到较多而有用的信息。历史上曾记载了一些"前无古人，之后未必有来者"的冗长的演讲，但是这些演讲绝对不能称为优秀。

1933年，美国一位名叫爱尔德尔的国会参议员在反对通过"私刑拷打黑人的案件归联邦法院审判"的法案之时，他在参议院里整整演讲了5天。根据一位记者统计，他在演讲台总共踱了75公里，吃了300个夹肉面包，做了大约一万个手势，还喝了大概 40 公斤饮料。

1957 年，斯特罗姆·瑟蒙德作阻止"民权法案"通过时发表的演讲整整历时 24 小时 18 分，结果还是以失败告终。

1912 年，英美战争期间，一个美国议员希望用马拉松式的演讲来阻止美国国会通过对英宣战的决议。于是，这位议员一直说个不停。时至半夜，听众席上早已经是鼾声四起，最后，一个议员气急之下将一个痰盂甩到演讲者的头上，这场演讲才结束，而国会最终通过了宣战决议。

"言不在多，达意则灵"。字字珠玑、简练有力能够让人有谈兴；而拖拖拉拉、语句唠叨、不得要领，肯定会令人生厌。世界历史上，不少演讲大师都惜语如金、言简意赅，因此留下了许多"善辩者寡言"的典型。

例如，1793 年华盛顿总统的就职演说仅仅用 135 个字便说完了一切，最后举世闻名；恩格斯在马克思墓前的演说总共只有 1260 个字而已；列宁在马克思、恩格斯纪念碑揭幕典礼上的讲话也只有 552 个字；1984 年 7 月 17 日，已经快 40 岁的法国新总理洛朗·法比尤斯发表了短得出奇的演说，演讲词只有两句："新政府的任务是国家现代化，团结法国人民。为此要求大家保持平静和表现出决心。谢谢大家。"措辞委婉利落，内容精辟有深度，绝对是最好的演讲。

简洁明快的语言能够大大提升人的认识能力和思维能力，也是这两项表现的高超载体。因此，话语的简洁经常体现出说话人分析问题的快捷性和深刻；简洁明快的语言体现出的是果敢决断的性格。作为自信心强且办事果敢的人，他们说话时都干脆果断，从不会拖泥带水。说话简洁往往会给他人一种很有激情的现代人的感觉。

所以，简洁明快的话语应该还是时代风貌的一种反映。简洁的话语就是不占用听者太多的时间，而且必须能使听者觉得说话者很尊重他。

对于人来讲，一言一行看起来简单，却需要管好自己，不能过于放纵自己的言行，这就需要我们用自律来约束自己。

第十一章 时间决定命运：管好时间，管理有限的时间

成功的人往往是时间管理的高手。要想改变自己的命运，必须掌控好自己的时间，在正确的时间做正确的事情，让每一分钟的时间价值都最大化。

做一个时间管理高手

管理时间就是要着眼于当下。

一个自律的人，首先应该是一个管理时间的高手。

所谓时间管理就是指在同样的时间耗费状态下为提高时间的利用率而实施的控制工作。我们可以通过对时间管理克服浪费时间的坏习惯，从而使我们的行动更有效率。实践也表明，那些高效能人士都有着非常好的时间观念和强烈的事业心，他们对于时间有着非常强的紧迫感，因此他们总是能自觉、科学地去管理好自己的工作时间。

世界著名管理学大师彼得·德鲁克在总结有效的管理者应具备的素质时

说：“我们要对自己提出五项要求，其中第一项就是对于时间的管理。”他还说：“高效能的管理者一定要清楚他们将时间应花在什么地方。他们所能控制的时间并不是无限的，因此他们必须学会系统地安排时间，这样才能充分利用有限的时间资源。”他还大声疾呼："时间是最宝贵稀缺的资源。除非时间能够被妥善地管理，否则所有的工作都将无法被妥善管理。"可见，时间管理是否成功绝对能影响一个人事业的成败。

罗伯行·列文教授在《时间地图》一书里提出："当手表上的时间支配了一切，时间就会变成有价值的商品。手表时间观的文化将我们的时间视为一成不变的、直线式的，且是完全可以衡量测定价值的商品。所以，我们必须牢记富兰克林曾经提出的忠告'千万不要忘记，时间就是金钱'。"

如今，我们常常引用富兰克林的那句"时间就是金钱"来表现时间的弥足贵。而在古老的中国，古人也曾经以"一寸光阴一寸金"来形容时间的宝贵。

时间是无价的，因为谁也没有办法用金钱去衡量时间，它无法像金钱一样蓄积。正因为此，我们的老祖先才说"寸金难买寸光阴"；也正因为此，我们必须要学会对时间进行管理，让自己变成一个高效能人士，能够通过对时间的高效管理让自己在有限的时间内创造出比别人创造高得多的时间效益。

在我们的日常工作和生活中，管理时间就是要着眼于当下。要知道，我们的所有工作不是都非常着急，更不是都非常重要的。

在时间管理上，我们不妨采用"ABC控制法"。所谓"ABC控制法"就是根据工作中的各个项目的重要和紧迫程度按照最重要、重要和不重要三种情况划分为A、B、C，然后有区别地去管理时间的有效方法。

查尔斯·舒瓦普曾在担任美国伯利恒钢铁公司总裁一职的时候，向当时的管理顾问艾维·利提出了一个非同寻常的挑战："请告诉我,该怎么做才能在办公的时间内做正确的事?如果您给了我满意的答复,那么我将支付给您一大笔的咨询费。"

于是,艾维·利递了一张纸给他,并对他说:"把您明天必须做的事情写出来,先从最重要的那一项工作写起,写完之后,再按照纸上写的去做,直到完成所有的工作为止。然后,您再重新检查您的工作次序,看看有哪个漏掉了。倘若其中有一项工作直接花掉了您整天的时间,那么您也不用担心,只要您手中的工作是最重要的,那么就请您继续坚持做下去。如果按这种方法,您依旧无法完成所有的重要工作,那么换用其他的方法也同样无效。如果您能将上述的这些变成每一个工作日里都能去坚持的习惯,那么我这个建议对您产生良好的效果时,您就该给我支付那张大额支票了。"

几个星期之后,查尔斯·舒瓦普寄了一张 2.5 万美元面额的支票给艾维·利,并附言他确实改变了他的工作效率。可以说,伯利恒公司后来能够成为世界上最大的独立钢铁制造企业,跟艾维·利有着巨大的关系。

实际上,艾维·利给查尔斯·舒瓦普提供的就是 ABC 控制法。

"ABC 法"的操作过程是这样的:

A:最重要的工作,这类工作为"必须做的事",例如,约见非常重要的客户、重要的日期临近、能给你带来成功的机会等。

B:较重要的工作,指"应该做的事"。这类工作比较重要,但比起 A 类事务来说不是非常重要。

C:次重要的工作,指"可以去做的事",相对前两类工作,这类工作是价值最低的。这类工作可以靠后,如果的确没有时间去做,就可以授权其他人去做,甚至完全忽略。

通过上面的讲述，具体到我们的工作中，就先要对所有工作按其重要性进行规划，对 A 类工作，我们应该毫无疑问地要进行重点的管理；而对于 B 类工作，就要进行比较重要的管理，对 C 类工作只需要一般管理即可。这样做的好处就是能够让我们在有限的时间里以最快的速度去处理好最重要的事情。

我们自然也可以将工作按重要程度分为 A、B、C 三个类别，分别写在三张白纸上，把相对重要的 A、B 两张放在 C 上面。这样一来，当我们要从事 C 类工作的时候，马上就会意识到 A、B 两类工作还没有做完，从而更好地运用时间。

一个人一天所做的事情，其重要程度不同，同样，一个人一天的精力分配也是不平衡的，因此有必要根据自己的精力合理安排、使用好时间。

在制定工作日程之时，我们往往会因工作性质、工作状况和个性不同进行不同的安排。总体来说，应遵守以下几个原则：

（1）将重要的工作项目作为中心项目，制定一天的工作日程。

（2）将今天必须第一个要做而且坚决要做完的工作列为中心，制定一天的工作日程。

（3）将工作日程与自己的身体状况和能量曲线进行相应的匹配。在精力充沛之时，尽量去做那些最富有创造性又最有挑战性的工作项目。

高效利用时间，空闲时间别浪费

对时间的苛刻可以让我们比别人更快一步。

对于时间管理的精确把握来源于自律精神，这种自律精神不是一味蛮干的自我约束，而是对时间的支配。我们都有这样的体会：在和一些人约会时，不是说要约到几月几号，必须要精确到几时几分才行。对于他们来讲，迟到是绝不容许的事情，在他们处理文件的时候，所有的客人都要等候。就是这些时间的细节让他们的效率变得更高，让他们的财富积累速度更快，也让他们更成功。

很多人对于时间的精确控制体现在他们的工作上，下班铃声一响，即使是打字员还有10个字没打完，他们也会立刻走人。不要以为下班就走的打字员不够自律，相反，他们拥有极强的自律精神，否则他们也不可能按照自己的时间表来约束自己的一切行为。时间观念让拥有自律的人工作效率大大提升。

日本一家著名百货公司的年轻职员为了在纽约搞一个市场调查而直接跑到了一个犹太人开的百货店，贸然叩开了该公司宣传部主任办公室的大门，对这个主任说他需要对方的五分钟时间来做一个调查。但是这位犹太人却毫不犹豫地拒绝了同行的这个要求，并且说："我之所以拒绝你，是因为你没有预约，而现在我在工作，不允许任何人来打扰我，你的到来会对我的工作造成不利的影响。"

很多人在谈判的时候喜欢用一些无关紧要的话作为话题的开始，比如说，"今天天气不错啊"，等等，但是成功者则更喜欢直奔主题，他们在做事的时候会把每一分钟的时间都利用到实处。

钻石商巴奈·巴纳特是南非的首富。最开始，他带着40箱雪茄烟作为原始资本来到南非。他用这些雪茄烟与钻石矿上的商人换取了一些钻石，赚取了他的第一桶金。从那以后，在短短的数年间，巴纳特便成为一个富有的钻石商人和从事矿藏资源买卖的经纪人。

巴纳特的赢利周期很有特点，每个星期的周六是他挣钱最多的日子，因为这一天南非的银行营业时间比较短，巴纳特可以用更多的时间去购买钻石。而在这一天购买钻石，他不用掏现金，因为这一天银行不营业，所以他总是用空头支票来换取钻石。也许有人会说，这有什么用呢？一天以后，他不是还得付出相同的钱吗？大错特错，因为巴纳特这样做等于让原本已经不是自己的钱在银行的账户上多存了一天，对于钻石这种大宗生意来说，这一天的利息也是比较可观的。

在竞争激烈的市场中，谁在市场上第一个打出自己的王牌，谁就能获得比别人多得多的利润，尤其是现在人们经常会用到的电子产品，即使只比对手快一个月上市，那么比对手获得的收益就会多出不少。例如当年的电子手表，刚上市的时候每块卖到几十美元乃至几百美元，但是当这类产品逐渐多了起来之后，价格就在短时间内大幅度下降，每块售价只有几美元。因为犹太人比别人更注重时间的细节，所以他们能比别人快上几个月，因此他们能获得比别人多得多的利润。

时间虽然体现在细节上，但实际上却是决定成败的关键因素。根据众多的企业核算，经营费用中有70%左右都要花费在占用资源的利润上。如一个企业一年通过银行融资五亿元，如果不在第一时间让这些资金滚动起来的话，就要支付超过6000万元的利息。如果该企业能把握好一切时间有效利用这些资金，那么最少可以节约一半的利息。

每一个人的精力和时间都是非常有限的，怎样高效地分配精力与时间造成了普通人与成功人之间的差距。普通人总是将主要的时间与精力都放在一些无关紧要的事情上，而成功人士则把主要时间与精力放在最重要的事情上。不能高效地使用精力和时间，怎么会产生好的结果呢？

前美国国务卿基辛格曾经担任过哈佛大学教授工作，当他把自己所担任的总统顾问的职务与大学教授的工作进行了一番对比后，他说："之前，我总是按自己认为合理的方式去工作，把某一件事情做完为止。直到后来，我才发现，人必须把很多的工作放在优先次序中展开，并坚决去做优先要做的那些重要的工作。"

一位美国富商也说过这样的话："你所做的一切都必须是你认为的最重要的。以重要顺序展开工作，就能够将工作做到最好。"

要想高效利用精力与时间，首先要合理地将工作按照紧急与重要程度进行划分，遵从重要性优先的原则，将你的大部分时间与精力都投入到很重要而不很紧急的工作中去。只有先完成重要而不紧急的工作，才能让自己更高效地工作。

因此，你千万别把重要的工作都推到最后去做，更不要整天总是集中精神在一些无关紧要的事情上。不要让自己被太多的琐事所缠绊，一定要留出足够的时间去处理紧急的工作。

是的，要想取得成功，首先要考虑的问题就是合理地利用时间。如果一个人不懂得如何去经营时间，那他就会面临被淘汰出局的危险。如果你能管理好自己的时间，那么你就能赢得时间能够给予的一切，就能赢得自己的未来。

有的人认为自己时间很多，但是有些人却唯恐时不我待。事实上，时间对每一个人来说都是一样多的。同样的时间，善于利用时间、善于安排细节的人可以多做很多事情。鲁迅先生曾经说过，时间如同海绵里的水，只要愿意挤，总还是有的。因此，要成功，就要合理地运用时间，别浪费空闲的时间。

管好时间，提高效率的秘密武器

做好时间管理、把时间用在刀刃上，是提高工作效率、提升工作价值的重要方法。

在一切以快制胜的现代社会，时间管理是现代人必备的一项工作技能，是提高一个人工作效率最有效的武器。一个人的工作是否有效率、是否具有满足感，在很大程度上取决于他是否能够合理地管理和利用好自己的时间。在最少的时间内做好更多的事，才能把时间用在刀刃上。

在美国企业界里，与人接洽生意，能以最少时间产生最大效率的人非金融大王摩根莫属。为了珍惜时间，他招致了许多怨恨，但实际上人人都应该把摩根作为这一方面的典范，因为人人都应具有这种珍惜时间的美德。

摩根每天上午9点30分准时进入办公室，下午5点回家。除了与他生意上有特别关系的人商谈外，他与人谈话绝不超过5分钟。

通常，摩根总是在一间很大的办公室里与许多员工一起工作，他不是一个人待在房间里工作，而是随时指挥他手下的员工按照他的计划去行事。如果你走进他那间大办公室是很容易见到他的，但如果你没有重要的事情，他是绝对不会接待你的。

摩根能够准确地判断出一个人来接洽的到底是什么事。当你对他说话时，一切拐弯抹角的方法都会失去效力，他能够立刻判断出你的真实意图。这种卓越的判断力使摩根节省了许多宝贵的时间。

如今，快节奏的工作和生活让很多人觉得紧张而忙碌。如果你想调剂好自己的工作和生活，就必须学会有效利用时间。善于利用时间不仅可以完成许多事情，还能拥有轻松自在的生活。

一位部门主管因为患有心脏病，遵照医生的嘱咐每天只上班三四个小时。他很惊奇地发现，这三四个小时所做的事在质和量方面与以往每天花费八九个钟头所做的事几乎没有两样。他所能提供的唯一解释便是：他的工作时间既然被迫缩短，他只好做出最合理有效的工作安排。这或许是他得以维持工作效能与提高工作效率的主要原因。

由此可见，做好时间管理、把时间用在刀刃上，是提高工作效率、提升工作价值的重要方法。那么，怎样做才能成为一名运筹时间的高手呢？下面提供几种能有效运筹时间的方法。

（1）把握时机

机不可失，时不再来，抓紧时间就可以创造机会。没有机会的人，往往都是任由时间流逝的人。很多时候，机会对每一个人都是均等的，行动快的人会得到它，行动慢的人会错过它。所以，要抓住机会，就必须与时间竞争。

（2）合理安排自己的时间

现代人从事企业工作，重要的是对于时间的管理。很多人十分辛苦，每天早出晚归、疲于奔命，但如果加以认真研究，便可发现，他们所做的许多工作是在白白浪费时间，结果大事抓不了，小事也抓不到，所以人们应有自己的时间安排，抓住关键、掌握重点。

(3) 利用好零碎的时间

争取时间的唯一方法是善用时间。

把零碎时间用来从事零碎的工作，从而最大限度地提高工作效率。比如，在车上时、在等待时，可用于学习、思考或简短地计划下一个行动。充分利用零碎时间，短期内也许没有什么明显的感觉，但经年累月将会有惊人的成效。

(4) 利用"神奇的三小时"

被人们称为时间管理大师的哈林·史密斯曾经提出过"神奇的三小时"的概念。他鼓励人们自觉地早睡早起，每天早上五点起床，这样可以比别人更早展开新一天的活动，在时间上就能跑到别人的前面。利用每天早上五点至八点这"神奇的三小时"，你可以不受任何人或事的干扰，做一些自己想做的事。每天早起三小时就是在与时间竞争，养成早起的习惯，就会让你受益无穷。

(5) 在更少的时间内做更多的事

我们不论干什么事情都要讲求效率，效率高者则事半功倍，反之则事倍功半。

正如哈林·史密斯所说："工作中，经过不断地失败，我逐步地发现如何在同样的时间内做更多的事情是值得每一位希望有效管理时间的人认真思考的问题，因为只有这样才能使自己获得更多的时间，也才能遇到更多的机遇。"提高时间利用率、让时间增效是做好时间管理的重要方法。

关键的 20%

> 要提高工作效率，就要把握好关键的 20%。

对每个渴望成功的人来说，时间是最重要的资产，但任何一个人的时间都是有限的。如何做呢？学会有效地管理时间，高效地运用每时每刻，把 80% 的时间花在能获得关键效益的 20% 的事情上。

金钱可以被储蓄，知识可以被累积，时间却是不能被保留的，也是非常有限的。我们必须有时间管理观念，控制好时间的钟摆。唯有如此，我们才能摆脱忙碌紧张的状态，有更多的时间做对的事情。

在实际生活中，我们经常看到有些人"两眼一睁，忙到熄灯"，整天忙得不可开交，像是陷入了忙碌的漩涡之中，但是事情却不见得有什么大成效。仔细分析后将会发现，究其原因，不懂时间管理是首要原因。

美国的时间管理之父阿兰·拉金说："勤劳不一定有好报，要学会掌控你的时间。"掌握时间的钟摆，首先要明确工作的主次。不分轻重缓急地工作，把时间用在没有多大意义的事情上是浪费时间的首要原因。

我们先来看一个例子。

著名的设计师安德鲁·伯利蒂奥曾经是一个疲于奔命的工作狂。

他每天把大量的时间用在设计和研究上，除此之外，他还负责公司很多方面的事务。他风尘仆仆地从一个地方赶到另一个地方，不放心任何人，每一件工作都要自己亲自参与了才放心，所以他看起来忙碌极了。

"为什么你整天忙得晕头转向？"有人问。

安德鲁无奈地说："因为我管的事情太多了，而我的时间又太少了！"

时间长了，安德鲁的设计受到了很大影响，常常到最后关头才拿出作品，并且因为时间紧，作品的质量常常不尽如人意，更别提取得令人骄傲的成绩了。安德鲁对此很不解，便去请教一位教授。

教授给出的答案是："你大可不必那样忙。管理好你的时间，做对你的事情就行。"

正是这句话给了安德鲁很大的启发，他在一瞬间醒悟了。他突然发现自己虽然整天都在忙，但能产生真正价值的事情实在是太少了。这样做实在一点好处也没有，反而会制约目标的实现。

从此，安德鲁调整了时间分配，他洒脱地把那些无关紧要的小事交给助手，自己则把时间集中用在设计工作上。不久，他写出了《建筑学四书》。此书被称为建筑界的"圣经"，他成功了。

对每个渴望成功的人来说，时间是最重要的资产，每分每秒在逝去之后再也不会回来。成功的关键在于如何掌控自己的时间节奏，高效地运用每时每刻。学会有效地管理时间，才能保证做事的效率，这就涉及管理学上的"二八法则"，即意大利经济学家帕累托所提出的 80/20 法则，即要把 80% 的时间花在能获取关键效益的 20% 的工作上。掌握了这个法则，自然就能忙到点子上、忙出高效来，进而缔造成功。

管理顾问瑞克希就是一个出色的时间管理者，他总是能够高效地利用自己的时间，坚持用 80% 的时间做 20% 的事，他的成功看起来轻松。下面就来看看他是如何做的，相信能够得到不少的启示。

瑞克希并不是工作狂，他逍遥自在、业绩斐然。

瑞克希的手上从未同时有三件以上的急事，通常一次只有一件，其他的则暂时摆在一旁。而且他会把大部分时间拿来思索那些最具价值的工作，比如公司的总体发展规划、年度工作任务、行业发展前景等。

瑞克希只参加重要客户的会议，走访一些重要的顾客，然后把所有精力拿来思考如何实现与重要客户的交易以及公司如何能够获得最大利益，接下来再安排用最少的人力达成此目的。

瑞克希把产品的知识传授给下属，时常会观察公司中谁是某项工作最合适的执行者。确定对象后，他会将下属们叫到办公室，解释他对每一个人的要求，让他们放手去做，自己做的只是时常盯一盯工作的进度。

瑞克希的事例告诉我们，那些做事高效的人不会像老黄牛那样只知道一味地做事情，而是懂得把有限的时间放在最重要的事情上，利用有限的时间创造出最大的价值。一个人的价值大了，成功的资本也就强大了。

"二八法则"又称为"80/20法则""帕累托法则""最省力法则""不平衡原则"等，帕累托从研究中归纳出这样一个结论：如果20%的人口拥有80%的财富，那么就可以预测出10%的人将拥有约65%的财富，而50%的财富是由5%的人所拥有的。"二八法则"无时无刻不在影响着我们的生活，然而人们对它知之甚少。

当我们把"二八法则"应用到时间管理上时，就会出现以下假设：一个人大部分的重大成就，包括一个人在专业、知识、艺术、文化或体能上所表现出的大多数价值都是在他自己的一小段时间里取得的。如果快乐能测量的话，则大部分的快乐发生在很少的时间内。而这种现象在多数情况下都会出现，不论这种时间是以天、星期、月、年，还是以一生为单位来度量，用"二八法则"来表述就是：80%的成就是在20%的时间内取得的；反过来说，在剩余的80%的时间内只创造了20%的价值。换言之，一生中80%的快乐发生在20%的时间里，也就是说，另外80%的时间只获取了20%的快乐。

如果承认上述假设，那么你将得到四个令人惊讶的结论。

结论一：我们所做的事情中，大部分是低价值的事情。

结论二：在我们所有的时间里，有一小部分时间比其余的多数时间更有价值。

结论三：若我们想依此采取行动，我们就应该采取彻底的行动。只做小幅度改善没有意义。

结论四：如果我们好好利用20%的时间，将会发现，这20%的时间是用之不竭的。

由此可见，只有养成做要事的习惯，对最具价值的工作投入充分的时间，工作中的重要的事才不会被无限期地拖延。

要掌握正确的工作方法，提高自己的工作效率，我们就要坚持要事第一，把握好关键的20%，分清楚事务的轻、重、缓、急，将自己的主要精力集中在最重要的事情上。

是的，"二八定律"，即帕累托定律告诉我们：应该用80%的时间做能带来最高回报的事情，而用20%的时间做其他事情。记住这个定律，并把它融入工作当中，对最具价值的工作投入充分的时间，否则你永远都不会感到安心，你会一直觉得陷于一场无止境的赛跑中永远也赢不了。"分清轻重缓急，设计优先顺序"，这就是管理时间的精髓。

让自己的时间变为"超值时间"

做一个善于管理时间的人，让事业充满机遇，人生充满快乐。

有些人总是认为工作的时间越长，越能显示自己的勤奋、工作效率越高。其实，工作效率和工作业绩才是最重要的，整天忙忙碌碌却做不出成果并不是有效的工作者。

对时间的有效管理直接关系到工作效率的高低。人们一生的绝大部分时间都是在工作，然而光阴似箭，时间的流逝是那样悄无声息又那样无情。

在有限的工作时间内，一个人能否将所有预定的工作全部做完而且井井有条呢，抑或是总觉得有许多忙不完的事，工作纷繁复杂，还需要经常加班加点，结果还是遗忘了某些重要事情？若是前者，那么企业员工对时间的管理就是有效的。

有些职员整天在办公室忙忙碌碌、走来走去，书桌上各种公文及资料堆积如山，似乎每天都有忙不完的工作。这种人实际上是在对时间的管理上产生了偏差，由此造成工作效率低下。他们不是忙得没有时间，而是没有管理好自己的时间。因此，企业员工不应被动地被时间牵着鼻子走，而应主动地把握时间、规划时间、管理时间，让有限的时间发挥更大的效用。

苏珊妮毕业后到一家信息咨询公司应聘，并被分配到这家公司新开设的汽车信息部跑业务。刚开始工作时，苏珊妮手头没有客户，她采用"陌生拜访"这种最原始的方式逐个宣传公司的业务，其间赔尽了耐心和笑脸，但是这个失误的计划使她在工作一段时间之后并没有发展多少客户。公司采用的是佣金制，即完成多少工作量发相应数目的薪金。由于没有多少业绩，到了发薪的日子，看到别人兴高采烈，她却只能独坐一隅、暗自落泪。

分析失败的原因后，苏珊妮找到了自己致命的弱点：业务不熟、计划不详。于是，她积极地学习，用心总结和研究客户的心理，重新制订出自己的工作计划。三个月后，苏珊妮的签单数量不断上升，佣金日渐不菲，业务主管那张铁青的脸也逐渐变得笑容灿烂。

勤奋好学的员工是老板最赏识的。想要迅速获得老板的赏识，最好的方式是尽可能提高工作效率。尤其当你面对堆积如山的工作时，先不要慌慌张张，而是要思考如何高效率地分配时间。只要事先分配好时间并安排事情的先后顺序，就能轻而易举地一一处理。

一个会管理时间的人总能泰然自若地待人处世，将应处理的事、应完成的事在自己规定的时间内完成，非常有效率。相反，一个不会管理时间的人，无论如何也不会成为一个优秀的企业员工。同样，一个不会管理时间的人，其生命中的许多时光都处在一种浪费状态中，并随时可能会浪费他人的时间。学会善于管理自己的时间，在某种程度上可以说也是为了更好地享受有限的人生。

员工不会通过有效地管理时间来提高工作效率，这种现象是每个老板都不愿看到的。一家著名公司的老板说："我不喜欢看见报纸、杂志和闲书在办公时间出现在员工的办公桌上。我认为这样做表明他并不把公司的事情当回事，他只是在混日子。如果你暂时没事可做，为什么不去帮助那些需要帮助的同事呢?"他的话值得每一个员工深思。

对于任何人来说,时间的价值非比寻常,它与人生的发展和成功的关系非常密切。凡是在事业上有所成就的人,无论是员工还是老板,都是会管理时间的人。因为他们能科学地把握时间、追求效率,在恰当的时间内完成应该做的事情。

谁善于利用时间,谁的时间就会成为"超值时间"。作为一名员工,当你能够高效率地利用时间的时候,你对时间就会获得全新的认识,能知道一秒钟的价值,能算出一分钟时间究竟能做多少事情。当你这样做以后,若再担心不被老板欣赏就是杞人忧天了。

刚刚参加工作的新职员在掌握工作时间上往往会出现两种极端,一种是偷工减料、晚来早走,另一种是无休止地加班加点。

如果你经常偷工减料,每天工作不足规定的时间,那么总有一天你会被叫进老板的办公室,因为大家的眼睛是雪亮的。何况每一个人的工作量摆在那儿,你干少了,别人就得多干。也许有人很聪明,可以在相对少的时间内完成工作,但也不应该晚来早走,积极的做法是向你的老板说明个人的情况,争取更有挑战性的工作,这也有助于你以后的提升。另一种积极的做法是用剩余的时间自学更多的东西。

如果你过分地加班,有时会带给你负面的影响,你的老板会认为你的工作能力不强,只能靠加班来完成任务。在许多企业,过分加班意味着你的计划没有做好,追究起来是要承担责任的。一项任务如果没有办法在计划内完成,解决的方法不只是加班,你可以向你的老板解释要求修改计划、增加人手或寻求帮助,等等。

俗话说:"一寸光阴一寸金。"做一个善于管理时间的人,如此,不仅你的事业充满了发展的机遇,而且你的人生也会充满快乐。

在对的时间做对的事

> 做事要考虑时机，欲速则不达。

人要想获得成功，有时光靠"做"是不行的，还要找对机会，只有在最正确的时间内做最正确的事情，才能获得成功。时机不到时要克制自己的冲动；时机一到，便要用强大的自律精神约束自己，让自己赶紧投入到工作中。

黄潇潇来这家公司的时间不短，工作上没有比别人少出过一分力气，但是在自己的工作岗位上就是难以获得与付出相对应的业绩，因此她一直以来都得不到提升的机会，这让她感到很苦恼。

有一天，黄潇潇把自己的这个情况告诉了她的上司，上司问她："你是不是每一天都在很忙碌地工作？"黄潇潇回答说："是啊，别人上班，我也来上班，别人下班了，我还没下班呢。"上司继续问她："那你每天的工作流程是什么？"黄潇潇想了想，说："我每天早上一起来就给客户打电话，一直要打到中午12点，然后下午整理我的文件。你知道，对于我们做业务的来说，联系客户是第一位，所以每天上午我把最理想的工作时间都用来联系客户了……"

黄潇潇说到了这里，上司打断了她的话，因为上司已经知道了她工作效率低下的原因了。上司对她说："这样吧，你明天上午来公司什么都不要干，你要做的就是在下午的时候联系顾客，然后次日上午整理文件。你就照我说的办吧。"

黄潇潇从办公室出来后，对上司的话将信将疑，她认为自己那么辛苦地工作都没有做出好业绩，而上司叫她明天上午什么也不做，这样就能取得成绩吗？虽然她对上司的话有所怀疑，可她还是照着上司的方法去做了。结果没几天，黄潇潇就发现自己的业绩有所好转。这让她感觉很意外，她又去找上司请教奥秘。上司对她说："你原先工作业绩不好的原因在于你对工作时间的安排有误，你在上午的时候联系顾客，你想想，这个时候顾客要么是在上班的途中，要么还在睡觉，你选择此时联络他们能有好效果吗？你的问题其实就是在错误的时间做了错误的事情。"

案例中的黄潇潇，其工作效率低下的原因不是她工作不够努力，而是因为她对于工作时间的安排不够科学。这样的人虽然看起来非常自律，但是由于没有合理地安排时间，找不到最好的时机，所以他们的效率往往非常低下。

真正的自律并不仅仅是逼着自己做事，而是要学会管理自己的时间，让自己在正确的时间做正确的事情。有些职场人做事情不考虑时机性，什么时候想起来什么时候做，这样很难取得好效果。大体说来，职场人办事不考虑时机主要有以下几种情况：

汇报工作时不考虑上司是否有时间。上司急着要出门，你去汇报工作，他哪里还有心情听你汇报？上司手头上正有很重要的事情，你去找他，他听也不是，不听也不是，你汇报工作哪里还有什么效果？抓不住有效的时间去和上司沟通就难以取得效果，工作效率又从何谈起？

同事都在忙自己的事情，你去找他帮忙。同事之间相互帮忙是很正常的事情，可是你却选择大家都在忙的时候去找他，这分明是存心给同事出难题。

即使同事答应帮你，也是敷衍了事。到最后你还得返工，肯定会影响你的工作效率。

找准时机的重要前提就是审时度势，客户明明不想和你交谈，你还没有发觉，即使客户硬着头皮和你谈下去，效果也不会好。上司虽然不太忙，但是他的心情却不太好，你仍然去找他争论工作上的对错，自然难有什么结果。这都是因为在不正确的时间内做了不正确的事而导致的效率低下，是职场人自找的苦果。

有些人无论做什么事都着急，从来不考虑时机。古人早就说过，欲速则不达。有些职场人偏偏是急性子，遇事总想第一时间就解决。殊不知，很多事是需要时机去处理的，不是说你越快处理效率就越高。时机不到，即使付出再多的努力也是枉然；时机到了，顺水推舟便能有效地处理了。这其实就是在正确的时间内做正确事情的真谛。

以上都是职场人办事不考虑时机的几个表现。在职场中，只要稍加观察，就能发现凡是有这些问题的职场人，其工作效率都不会太高。那些真正高效率的职场人不见得他们花在工作上的时间有多长，但他们一定会抓住最合适的机会去办事。

职场中，每个人都是八小时工作制，都付出同样的汗水，可是每个人的业绩却都有很大的不同，这就是因为有些人善于在正确的时间内做正确的事情，而有些人则是把精力都浪费在了不正确的时机上。久而久之，职场人之间的差异便因此产生了。

所以，职场人应该锻炼自己掌握时机的能力，让自己变得更加睿智和高效。在正确的时间内做事，能让职场人事半功倍地完成眼前的工作，这一点是每个职场人都希望看到的。如果你做到了，你就是善于用脑子工作的职场人，成功将离你不远。

分清楚每一件事情所处的象限

利用"四象限原理"来管理时间。

歌德说:"在今天和明天之间有一段很长的时期。趁你还有精神的时候要学习迅速地办事。"是的,要想提高效率,我们就必须自律,让自己赶紧投入到工作中。但是在做事之前,你要先弄清楚什么事情才是最重要的。

每个人有多少的时间都是能计算的固定量,用一分少一分。所以,人们常说"人生苦短,只争朝夕"。在我们短短的一生中,把很多时间花在睡、吃、行等不直接产生价值的活动中。例如,我们不得不花费将近半辈子的时间用于睡眠,我们不得不吃饭,用餐时间加起来也是好几年,行走、旅行又要花上几年,再加上我们平时的娱乐、节假日的休息、哄小孩等,加起来也需要好几年。如果从我们有限的寿命中减去这些不得不花费的时间,那我们能够用于有效工作的时间还剩下多少呢?

以全球人的平均寿命70岁为限,一个人留给自己的时间其实只占到全部时间的1/5。时间从不会等人,可是我们的时间却是可以被支配和管理的。不同的人在相同的时间长度和环境下,其产生的价值有着很大的差别,这就说明时间是可以被更好地管理的。我们完全可以通过对时间的管理,以大大提高单位时间效率的方式去做更多的事情、做更重要的事,即高效率地去工作,这就是延长生命长度的一种有效的办法。

1968年，美国麻省理工学院一位科学家对时间的利用问题进行了一次深度的调研，他先后选定了美国3000名职业经理人作为调查对象，从中发现，那些成功的经理人都能够做到这么两点：在自己限定的工作时间范围内不把手伸得过长，尽责地把职责内的工作做好，合理地安排自己的时间，使时间的利用率提升到最大值。

我们每天都有太多的事情需要处理：不停地在响的电话、接待不完的客户、开不完的会议、多如牛毛的朋友聚会，等等。就像一首名为《忙人的告白》的小诗中写的那样："每件事好像都很重要，每件事都做，让我们非常忙碌。"于是，我们每天起早贪黑地忙碌个不停，牺牲了很多家庭生活和休闲的时间，还是觉得时间不够。这些人总是看起来很忙碌，实际上就是因为他们没有掌握好时间管理和高效能工作方法而造成的。

实际上，在我们的工作中，很多工作都有着紧急程度不同，同时重要程度也不同的双重性。那么，我们该怎么决定优先顺序，就是要看重要性和紧迫性两个维度。

优先顺序 = 重要性 × 紧迫性。根据这两个维度，我们可以将工作分成四类：

第一类：非常重要而又非常紧急的工作（第1象限）

第二类：很重要但不是很紧急的工作（第2象限）

第三类：很紧急但不是很重要的工作（第3象限）

第四类：既不紧急也不是很重要的工作（第4象限）

第1象限：非常重要而又非常紧急的工作

紧急的工作是我们应该马上就要做的工作，重要的工作是对工作有重大影响的事情。在我们的工作和生活中，有不少事情是既紧急又重要的，例如，处理客户的投诉，老总要我们在明天早上上班以前就应该提交的报告，我们的父母病重需要住院，房贷马上就要到期，我们还没有准备好。这类事情可以说紧急而重要，因此我们就必须放下手头的事情尽快把它们处理完，否则这些事情将影响我们正常的生活。如果是由于我们的拖延而使事情变得非常紧急，那么就应该坚决改掉这一坏毛病。

紧急又重要的事情是最重要的事情，而且是马上要去做的事情，有的是我们要实现工作的关键环节，有的则是我们生活中最重要的事情，这些事情比其他任何一件事情都值得我们优先去做。因此，只有我们将这些事情都做得合理，才能够有效地去解决，这样我们才有可能顺利地进行自己的工作。

第2象限：很重要但不是很紧急的工作

实际上，我们在工作中有许多很重要但不是很紧急的事项，这类工作不是当前最急迫的，但是绝对会关系到我们的长远发展。在这些工作中，有的是与我们的梦想有关，有的是与我们的人生长期规划有关，比如专业的技能培训，可能是一直想写的一篇文章，可能是一直想开始的自己的魔鬼瘦身计划，想做的一次彻底的健康检查，想读的几本好书，但是我们又整天忙于制定奖金提成和奖金发放措施，或者忙于起草新的合作意向书，等等。这些都是非常重要的事情，但这些事情其实完全能够再拖延一段时间再做。

对于重要的工作，我们一般都会有较充足的时间去安排，都是完全可以在一定的时间内做完的。但是，如果我们每天都忙于琐碎的事而将这些重要的工作搁置或者推迟，那么这些工作就会变得既重要又紧急，就会变成第一象限的工作。所以，对于这些工作处理的好坏情况往往真实地反映了一个人对人生、工作目标及事情进程的清晰判断能力。

第3象限：很紧急但不是很重要的工作

在工作中，我们每一个人都会遇到很紧急但不是很重要的工作，例如，当我们正在忙于处理一件很重要的事情之时，一位哥们儿打来了电话，不接的话又找不到合适的理由，于是我们就与他带劲儿地聊了起来，结果花费了我们宝贵的时间，耽误了我们应该做的事情。

这些事情很紧急但不很重要，我们就应将它们列入次优先的事项中。假如我们没有安排工作的优先次序，就可能会把一些紧急的工作也当成了重要的工作来处理，结果颠倒了主次。通常，一般人都习惯按照事情的"紧急程度"决定工作计划的优先次序，而不是首先估计一下事情的重要性。如果，我们每天把80%的时间和精力都花在了"不紧急的事"上，那么无疑会让我们的效能降低很多。

因此，我们要想有效地解决这一问题，既可以兼顾紧急也可以兼顾事情的重要程度，那么我们就必须把每日待处理的工作分为以下三个"区域"：

(1) 当日"必须"去做的事（最为紧迫的事）。

(2) 当日"应该"去做的事（有点紧迫的事）。

(3) 当日"可以"去做的事（不紧迫的事）。

在大多数时候，那些越是重要的事越不紧迫。例如，我们的长远目标规划等。但是，如果我们总是被看似"紧急"的工作而将那些不紧迫但很重要的工作延迟了，这就是非常不好的做法。成功人士做要事，而不是做急事。

第4象限：既不紧急也不是很重要的工作

既不紧急也不是很重要的工作，就是可做可不做的工作。在工作中，我们都会遇到很多不需要我们马上去处理，甚至也不需要去解决的事情。比如，我们需要买一件新西装等。如果我们把精力总是放在这些琐碎的事情上面，那么无疑就是在浪费我们的时间。

在你的工作与生活当中，你能分清楚每一件事情所处的象限吗？你把大部分时间都花费在了哪个象限中了？

假如是(1)，则说明你总是忙于应付那些紧急事，你总是被这些事弄得焦头烂额、狼狈不堪。所以，你始终忙忙碌碌地去工作，但是却效率低下。

假如是（2），则说明你在做要事而不是急事，这正是一个成功人士的思考方式和做事情的方式——把有限的时间用在最重要的事情上。很多时候，这些工作虽不是很紧急，但它却决定了你的未来。

假如是（3），则说明你的工作效率很低。你总是盲目地追随琐碎的事务，而不考虑它对你是否有很大的影响，你会发现自己的时间总是不够用。如果你不努力改变这种现状，那么你的生活和工作都将陷入非常被动的局面之中。

假如是（4），则说明你是一个非常情绪化的人，你总是将大量的时间花在毫无意义的事情上，这样下去一点意义都不会有。

第十二章　心态决定成败：管好心情，远离自设的心理陷阱

成功与失败之间最大的差别，往往就是心态。心态决定命运，有什么样的心态，就有什么样的人生。你积极、乐观，你的人生就艳阳高照；你悲观、消极，你的天空就布满阴云。

有什么样的心态，就有什么样的人生

你的心态就是你真正的主人。

其实，人与人之间并没有多大的区别。但为什么有许多人能够获得成功，能够克服万难去建功立业，有些人却不行？不少心理学家发现，这个秘密就是人的"心态"。

关于心态，一位哲人说："你的心态就是你真正的主人。"一位伟人说："要么你去驾驭生命，要么是生命驾驭你。你的心态决定谁是坐骑，谁是骑师。"成功学大师戴尔·卡耐基说："人与人之间只有很小的差异，这很小的差异却造成了巨大的差异。很小的差异就是心态，巨大的差异就是不同心态

产生的结果。"马斯洛又说："心若改变，你的态度就会跟着改变；态度改变，你的习惯就会跟着改变；习惯改变，你的性格就会跟着改变；性格改变，你的人生就会跟着改变。"

是的，有什么样的心态，就会有什么样的人生。一个人若是被一些消极的心态所左右，他的人生航船便很有可能驶入浅滩，失去发展的机会；一个人若是一生持有良好的心态，那么他的人生之路就会越走越宽，生活的景色就会越来越美，生活的价值就会越来越大。

因此，对一个生活和事业都想取得成功的人来说，心态非常重要。如果你保持积极的心态，掌握了自己的思想，并引导它为你明确的生活目标服务，你就能享受生活的美好。

环境不易改变，不如改变我们自己；性格不易改变，但是心态却可以调整。因此，你要激发你的潜力，改变你的心态。心态的不同必然导致人格和作为的不同，最终导致命运的不同。与其在抱怨中失去机会，不如在改造心态中练就本领。改变心态，幸福和成功才能和你拥抱。好心态是决定人生成败的关键因素。

在推销员中有这样一个故事一直广泛流传着：两个欧洲人到非洲去推销皮鞋，由于那里天气炎热，非洲人向来都是打赤脚。第一个推销员看到非洲人都打赤脚，立刻失望起来："这里的人都打着赤脚，怎么会买我的鞋呢？"于是放弃努力，沮丧地打道回府。另一个推销员见到非洲人打着赤脚，惊喜万分："这些人都没有皮鞋穿，这里的皮鞋市场大得很呢。"于是他想方设法引导非洲人购买皮鞋，最后发了一笔大财。

成功与失败仅在一念之间，这就是心态的作用。同样是非洲市场，同样面对打赤脚的非洲人，由于一念之差，一个人灰心失望、不战而败，而另一个人则满怀信心、大获全胜。

心态是我们真正的主人，它能使我们成功，也能使我们失败。同一件事由具有两种不同心态的人去做，其结果可能截然不同。心态决定人的命运，不要因为自己的消极心态而使自己成为一个失败者。要知道，成功永远属于那些抱有积极心态并付诸行动的人。成功需要健康的心态，没有健康心态的成功早晚会出现漏洞，甚至会塌陷。为什么拿破仑能够顶住压力而叱咤风云？为什么海伦·凯勒在双目失明的情况下，心中依然有光明之梦？这都是健康心态所起的作用。

如若我们希望将自己的人生加以改变，最简单且唯一可行的方法即是将我们内心世界的想法付诸改变。我们将心态称为人格，它来源于我们头脑中的思想。当心态改变后，人格随之改变，最后直至改变身边的所有人、事物与环境。改变自身心态之路并非轻而易举，只有通过不懈地努力才有可能得以实现。当我们面对阻力时，我们可以运用视觉化的艺术作用援助自己，即将头脑印象中负面的消极图像用可令自己兴奋的正面图像加以取代，从而形成令自己满意的精神图像。在保存内心理想图像的同时，请不要忘记将要实现这些愿望时所必须具备的决心、能力、才华、勇气、力量或其他任何精神能量等一并储存，并放在你内心的最深处，因为这些图像所必不可少的因素会更加容易地将你的精神与理性完全融合和对接，赋予你头脑中的精神图像以勃勃的生机。

当我们追求目标时，请坚信自己可以达到理想中的最高境界，因为此时你已经被赋予了强大的力量源泉的支持，完全有能力应付眼前的一切。当你坚定不移地向着最高目标而努力，精神能量就一定会把最高理想的现实送至你的手中。百炼成钢的道理在这里依然适用，任何事物，只要你长期不懈地坚持，多次重复就会逐渐形成习惯，习惯后的行为在实施时显得是那样轻而易举。同时，如果你努力避免坏习惯，也会使你逐渐从中解脱。努力实践的过程并非一帆风顺，只要坚定这个付出必得的法则就可以战胜每一个困难险阻。你此时一定为这条法则而欢欣鼓舞，放心大胆地去实践它吧。

如果你想改变自己的世界、改变自己的命运，那么你首先应改变的是自己的心态。只要心态是积极的，那么你的世界就会是光明的，你的人生就会是成功的，你的命运就会是与众不同的。改造环境之前，最先要实现的是改变自己，而改变自己之前，最迫切的是改变自己的心态，因为每个人无法掌控生存环境，却可以掌控自己的心态，去选择自己的生活方式，即驾驭自己的人生。

心态对了，世界就对了

改变自己的心态，就能改变自己的世界。

常言道，人生在世，不如意事十之八九，这个道理似乎人人都懂，但很容易就被人忘记。很多人，一旦生活中遇到什么不如意的事情的时候，就感到世界和自己过不去，好像生活就该是一帆风顺似的。其实，仔细地想一想，究竟是世界和我们过不去，还是我们和世界过不去呢？答案不言自明。

是的，不要和这个世界过不去，和世界过不去其实就是和自己过不去。很多人都在生世界的气，对世界感到愤怒，然而有一天，你终会发现，不是这个世界错了，错的只是我们自己。可以说，世界永远都在那里，它什么都没变，太阳今天升起，明天依然会照常升起，仿佛一切都没改变，都是在永恒中运转。可我们呢？谁也不能保证我们的明天会怎样。当然，世界也不会在乎我们对它的看法，但是如果我们的看法错了，却会反过来伤害我们自己。

不要总是抱怨世界，把自己的不满全部发泄到世界身上，怨恨世界和社会没有给你提供一个更好的生存环境。你必须明白，世界是根据人的态度的改变而改变的，而不是以你的意志为转移的。这与你的智商无关，而是与你看待世界及他人的态度有关。如果你改变了自己的态度，你眼前的世界即使还是原来的那个世界，可在你眼里，它却变得不一样了，因为你变了。当你变得更完美时，世界也会跟着变得更加完美起来。所以，当你对了，世界就对了；当你对世界的看法对了，生活也就对了。

有这样一个故事。

有一位牧师正在考虑第二天如何布道，却总也想不出一个好的讲题，于是他很着急。而他六岁的儿子总是隔一会儿就来敲一次门，要这要那，弄得他心烦意乱。

为了安抚他的儿子，不让他来捣乱，情急之下，他把一本杂志内的世界地图夹页撕碎，递给儿子说："来，我们做一个有趣的游戏。你回房子里去，如果你能把这张世界地图拼好还原，我就给你一美元。"

儿子出去后，他把门关上，得意地自言自语："哈哈，这下终于可以清静清静了。"

谁知没过几分钟，儿子又来敲门，并说地图已经拼好，他有点诧异，也有点不太相信，就跟着儿子一块儿来到了儿子的房间。果然，那张撕碎的世界地图完完整整地摆在地板上。

"怎么会这么快？"牧师吃惊地看着儿子，不解地问。

"是这样的，"儿子说，"世界地图的背面有一个人的头像，头像对了，世界地图自然就对了。"

儿子无心说的一句话给了牧师深刻的启发，牧师慈祥地爱抚着小儿子的头，若有所悟地说："说得好啊，人对了，世界就对了。我已经找到明天布道的题目了。"

这个故事提示了一个简单而又深刻的哲理：简言之，我们周围的世界取决于我们每个人，也就是我们的世界是什么样子取决于我们每个人是什么样子、取决于我们对世界的看法，而不是取决于世界。看法对了，世界就是对的。

如果你发现自己长期处在忧虑、痛苦中，就需要提醒自己在哪里出现了问题，因为人的正常状态是感到和谐而完满的。

其实，改变这个世界的关键就在于改变自己的想法。

改变自己的心态，就能改变自己的世界。

改变自己，实质就是改变自己对世界的看法。

改变世界，实质就是改变世界对自己的评价。

当你改变了自己的想法，拥有了快乐的思想和行为之后，快乐就如愿而至。

征服了情绪，就征服了世界

被约束的才是美的。

米开朗琪罗曾说："被约束的才是美的。"对于情绪来说也是如此。一个人的情绪如果不能得到有效的调控，如果遇到喜事的时候就喜极而泣，遇到悲伤的事情时就一蹶不振，那么人就有可能成为情绪的奴隶，成为情绪的牺牲品。相反，如果能征服自己的情绪，就能征服一切。

当然，情绪有很多种，如希望、信心、乐观、悲哀、愤怒、失望、忌妒、仇恨，等等，其具体的体现就是我们的心情。

可以试想一下，如果你一会儿心情忧郁，情绪一落千丈；一会儿又怒火中烧，使你的朋友们对你敬而远之；一会儿又情绪高昂、手舞足蹈，谁还愿意与这样情绪不定的人交往合作？而且，情绪不稳定的人对于自己确立的目标也常常不能坚持到底，做事容易情绪化、朝三暮四，高兴了就做，不高兴就扔在一边，丝毫没有计划性和韧性，这样的人能成功吗？

因此，一个人成功的最大障碍不是来自外界，而是自身。除了力所不能及的事情做不好之外，自身能做的事不做或做不好就是自身的问题，是自制力的问题。只有成功地控制了自己的情绪，才能够走向成功。

很久以前有一个年轻人，当他每次生气和人起争执的时候，就以很快的速度跑回家去，绕着自己的房子和土地跑三圈，然后坐在田地边喘气。他工作非常努力，他的房子越来越大，土地也越来越广，但不管自己多么富有，只要与人争论生气，他还是会绕着房子和土地跑三圈。为什么他从来不暴跳如雷呢？大家都很奇怪。

许多年过去了，他已不再年轻。但他心情不愉快的时候还是一如既往地拄着拐杖艰难地绕着土地、房子走完三圈。他的孙子在身边恳求他："爷爷，您年纪大了，这附近地区的人没有人的土地比您的更大，您何必这么辛苦呢？"

他笑了笑，终于说出了隐藏在心中多年的秘密："年轻时，每当我生气、郁闷，就绕着房子与土地跑三圈。我还会边跑边想，我的房子这么小，土地这么小，我哪有时间、哪有资格去跟人家生气？一想到这里，气就消了，于是就把所有的精力用来努力工作。可是现在，我一边走一边想，我的房子这么大，土地这么多，我又何必跟人计较？这样，我的心又平静下来。我从来不会浪费时间去沮丧，所以每一天都过得很快乐。"

这位老人可谓是深谙生活的智慧，因为他懂得自己改变不了天气，却能够改变心情。

确实，在日常生活中，我们难免会遇到愤怒和悲伤的事情，这个时候，要做的不是自暴自弃、忧伤难过、愤怒发火，而是要学会运用理智和自制来控制情绪，一定要学会自我调节，千万不能任由负面情绪蔓延。

例如，当我们内心焦躁的时候，要试着理智地分析原因、恢复自信，让自己振奋起来。

当我们感到抑郁的时候，不要把自己封闭起来，要试着通过交谈、运动、听音乐、看书等方式来缓冲内心的压抑，让自己慢慢得到解脱。

当我们忌妒的时候，让自己变得宽容一点，试着去看到别人身上的优点，学会欣赏和给予真诚的赞美，不要把时间和精力用在议论别人身上。

当我们疲惫的时候，去散散步、唱首歌，消除一下心中的烦恼，清理一下烦乱的情绪，唤起自己对美好生活的憧憬，体会活着的幸福。

人是一种情绪动物，只要与人打交道就自然会有各种负面情绪滋生，但假如任由恶劣情绪控制自己，人生将变得毫无乐趣。被愤怒控制，会因冲动铸成大错；被烦躁控制，会坐立不安、一事无成；被忧伤控制，会日渐消沉，看不到生活的希望。

如果你能够恰当地掌握好情绪，那么将在别人心目中留下"沉稳、可信赖"的形象，你的人生也必定会因此而受益匪浅。

总之，驾驭好自己的情绪、增强自控能力是取得成功的一个重要因素，也是获得成功人生的重要法则之一。

保持头脑冷静

能够理性思考的人才是真正明智的人。

与人交往时，关键在于控制自己的感情，保持头脑冷静、自律自省，做到喜怒不形于色，这样人们就无法从我们的言语、行为甚至脸部表情中窥测到我们内心的真实想法。

如果遇到问题就感情用事，开始发怒、生气，不仅于事无补，反倒会让你的处境越来越糟。想办法去解决摆在面前的问题，克制一时的冲动、谨言慎行，学会冷静地思考、理性地判断，才是真正有用的。

然而，有些人根本没法控制自己的感情，他们一遇到不愉快的事情就怒气冲天，或者一听到高兴的事情就笑逐颜开。如果他们能多关心别人，经常反思自我、自律自警，那么一切都会变得更好。这种人可能更习惯让理智控制自己的心情，而不是像大多数人那样让心情控制了理智。

所以，能够理性思考的人才是真正明智的人，而感情用事则是犯错误的开始。

下面是一则关于巴顿将军的故事。

巴顿是一个军事天才、传奇人物。然而，他那两次冲动的"打耳光"事件却让他臭名远扬，还把他辛辛苦苦赢得的美名一笔勾销。

第一次发生在意大利，1943年8月，炎热的午后，跟往常一样，巴顿来到西西里的撤退医院看望伤员。一个帐篷里住着10~15名的伤员，他跟战士们聊着，前五六个都是打仗时挂了彩。巴顿问候了他们的伤势，对他们的英勇表现给予了夸奖，并祝他们早日康复。

接着，巴顿走到一个发高烧的伤员前，没说什么就过去了。下一个伤员蜷缩在地上，浑身发抖，巴顿问他怎么回事，他说"是神经问题"，然后就哭了起来。原来，这位伤员患上了名叫"弹震神经症"的战场疲劳症。

巴顿喊道："你说什么？"士兵答道："是我的神经问题，我再也受不了炮弹的声音了。"他还在哭。

巴顿大声喊道："你的神经问题？你是个懦夫！你这个胆小的兔仔子！"他给了士兵一记耳光，说："闭上你的嘴，别他妈哭了。我不会让其他受伤的勇敢士兵坐在这儿看你这个胆小鬼哭鼻子！"他又踹了士兵一脚，把他踹到另一个帐篷里，致使他的头盔衬垫都掉了。然后，他扭头对伤员接收官吼道："不要收留这个胆小鬼，他一点事都没有，我可不允许医院里都是些没胆打仗的兔仔子！"

然后，巴顿又转向那个士兵，士兵正在大家的注视下哆哆嗦嗦地挣扎着站起来，巴顿对他说："你给我滚回前线去，你可能会吃枪子儿、被打死，但你还是要去打仗。你要是不去，我就派人把你按到墙上，找行刑队把你毙了！"他又说："说真的，我应该亲手把你毙了，你这个哭哭啼啼的懦夫！"边说边把手伸进枪套。走出帐篷时，他还一路上对伤员接收官喊道："把那个胆小鬼给我送到前线去！"

第二次与第一次的情况差不多。一个士兵向他诉苦说得了"弹震神经症"，他用手套扇了士兵一耳光，骂道："我不要那些勇敢的孩子们看到你娇生惯养！"

因为不擅自制、感情用事，结果巴顿的工作受到影响，别人也不那么尊敬他了。

假如你发现自己被一种突然爆发的感情、疯狂或愤怒所控制，那就默默地在心底克制它，至少在你觉得这种情绪尚未消除之前不要讲话。尽可能地保持面色平和、神情自然、注意力集中，如此能帮助你养成处世冷静的习惯。只要你小心谨慎地掩饰你内心的愤怒，那么你就会成为最终的胜利者。

如果你动不动就生气，那是因为你自身还存在很多问题。你得找出这些问题并解决它们，然后继续前进。

或许你还不知道，其实，别的人或事并不能使我们愤怒，他们只是点燃了我们内心深处本来就有的愤怒。这个道理很简单，也很容易理解。这就像你切开一个柠檬然后拿起来挤，会挤出柠檬汁一样。如果你把一个发怒的人"切开"，然后拿起来"挤"，挤出的肯定是愤怒。也就是说，如果我们心里本来就没有愤怒，是挤不出愤怒的。

但是，如果我们足够对自己负责，就会控制自己的情绪，没有什么东西能影响我们，就可以做到不以物喜，不以己悲了。

不生气，要争气

有和别人生气的时间，真不如自己给自己争口气。

哲学家说，生气就是用别人的错误惩罚自己。仔细想想，这句话真是人生的真理。我们之所以会生气，大部分原因是因为别人对自己犯下了错误。而生气除了能让自己不愉快，又能改变什么呢？这难道不是在用别人的错误惩罚自己吗？我们与其为别人的错误而生气，倒不如自己努力，给自己争口气实在。

道理很明白，但是很多人却做不到。因为在遇到问题的时候，我们总是喜欢从别人身上找原因，为别人而生气，却很少将问题归结于自己的不足，督促自己进步，获得解决问题的能力。虽然父母师长时常叫我们要争气，不要生气，可是我们遇到挫折困苦的时候总是不能坚强忍耐，不懂得自我争气。

因此我们应该警醒，有和别人生气的时间，真不如自己给自己争口气。

一位作家被邀请去一所大学做演讲比赛的评委。参赛选手经过抽签确定了演讲的顺序和主题之后，第一位选手表情很不满地走上台去。"同学们，尊敬的评委们，这是一场不公平的比赛！我领到这张纸以后，只有几分钟时间做准备,在我之后的人有更充裕的时间做准备,这是不公平的!"

在众人一片惊讶的表情下,他走下讲台,冲出了大厅。这个学生的离开并没有给比赛造成任何影响,比赛顺利进行。有人在比赛中获得了荣誉,有人则锻炼了自己。

过了几天之后,这位作家偶然遇到了那个生气离开的男孩,就对他说:"你因为不公平而生气、而离开,可是你有没有想过,只要自己争气,那么即便是不公平,你也能获得成功?"

男孩听了作家的话之后非常惭愧,但是他也从中领悟到了做人的道理。

生活中,我们总是会遇到一些比较困难或者自己不愿意做的事。当这些事情无可避免地发生在自己身上的时候,生气又有什么用呢?只有给自己争气才能摆脱困境、走向辉煌。

所谓争气,就是不因一时的失败而泄气,要能力图上进;不因一时的挫折而丧气,要能奋发图强;不因一时的贫苦而壮士气短,应该鼓舞精神,更加争气。当一个人受到挫折与委屈时,只有自己努力争气,能以愿心为动能,能够化悲愤为力量,才有前途与未来。

有一个年轻人经常因得不到领导的赏识而生气抱怨。一天,他去拜访恩师,并向其道出了自己的烦恼。恩师听后,就领着这个年轻人到了海边,他弯腰捡起一块鹅卵石抛了出去,扔到了一堆鹅卵石里,并问道:"你能把我刚才扔出去的鹅卵石捡回来吗?""我不能。"年轻人回答。"那如果我扔下一粒珍珠呢?"恩师再问,并颇有深意地望着年轻人。年轻人顿时恍然大悟:一味地生气抱怨只是徒劳,唯有争气,凭借实力迅速脱颖而出,才是明智的做法。

  如果你只是一块平常无奇的鹅卵石，就没有生气与抱怨的权利，因为你自身还没有被注意的闪光点。此时就需要争气，不断提升自身的实力，最终成为一粒耀眼的珍珠。到那时，你说话才能理直气壮、掷地有声，最终得到别人的认可与尊重。
  要争气，就得先要有志气。立志向上、立志做人、立志争气。立志就是争气的原动力。要想自己不生气，就必须要争气；我们要想争气，就必得先要立志。人有志气，又何患无成呢？
  一个人想要有忍耐力，就要清楚地知道自己到底想要什么、到底渴望什么，这是开发忍耐力最重要的钥匙。没有明确的目标就像大海里的一片树叶，随波逐流，永远也达不到彼岸。

越危急时,越需要冷静

> 冷静,使人深邃、催人成熟。

受挫时要保持冷静,在冷静中镇定反省;成功时更需冷静,在冷静中寻找新的起点,创造更大的辉煌。冷静与思考孪生,它使人深邃、催人成熟;冷静即力量,它使人充实、永葆青春。

一个人若不能控制自己的情绪,放任自己的负面心理,便很难获得成功。所以,在一切困难和坎坷面前,你一定要做到心态上的自律,让自己始终保持冷静。

西方有这样一则寓言:一只狮子被猎人捉来后扔进笼子里。一只蚊子飞过这里,看到了在笼子里面不停地走来走去的狮子,问:"你这样走来走去有什么意义?"狮子回答说:"我在找我能够逃出去的路。"可狮子怎么也逃不出去,于是它躺下来休息,不再去想逃走的办法。可是蚊子还是在火急火燎地询问它逃出去的办法。

狮子无精打采地说:"我现在在休息,因为我找不到逃出去的办法,所以还是耐心地等待机会吧。"

当蚊子还想问时,狮子终于发火了:"你总是这样问来问去的有什么意义?我始终都清楚自己在想什么、在干什么,因为我一直保持着清醒,实在逃不出去我也没有办法。我已经尽力了，不像你只会问来问去。"

虽然狮子最终没有逃过被杀死的命运，但是它却始终保持了清醒的头脑，这使它不会感到遗憾，因为该想的办法、该做的努力它都已经试过了。

其实，人也应该这样，也需要始终保持清醒的头脑，只有这样，一生才能无所遗憾与牵挂，才能够清醒地认识自己。这有利于我们更好地完善自己，实现人生的全部意义。

有句话是这样说的："冷静质疑是理想的筋骨，保持冷静质疑的态度也是清醒的表现。人生中最大的痛苦就是糊涂一生，虽然有时会说糊涂也是一种幸福，但更多的则是悲伤与苦涩。"

冷静说起来容易，但是做起来却很难。我们太容易愤怒、太容易慌张，所以要想冷静就要有强大的自律精神。古今中外，因为不冷静而铸成大错的例子不胜枚举，著名的俄罗斯诗人普希金就是因为不够冷静，当听说自己的情人被他人纠缠时，冲动地找他的情敌比剑，结果白白断送了年轻的生命，成为世界文学史上重大的损失。《三国演义》中的关羽也是由于不够冷静，不能对当时的战场情况作正确的分析，一味地蔑视敌人，结果兵败走麦城，死于无名小卒的绊马绳索之下。

人类有一个有趣的特征，那就是越到需要紧迫做出决定的时候，思想越容易混乱，有些人的思维干脆已经不作反应了，这就是人们常说的"惊呆了"、"急蒙了"、"惊慌失措"，等等。就是因为这种惊呆和急蒙了，很多不幸就这样发生了。这时，假如你能有冷静的情绪、清醒的头脑，很多危险都是可以杜绝和化险为夷的。就像诸葛亮一样，司马懿率重兵于城前，他却能够保持冷静的头脑，上演一出"空城计"，令司马懿狐疑不敢前行，最后退去。这是何等的冷静和睿智。

因此，你要记住，越在危急的时候越需要冷静。假如你的生活中出现了重大的变故，你一定要保持镇静，至少看上去是镇静的。因为惊慌是带有传染性的，你会把这种坏情绪传染给你身边的人，这样，他们会更加惊慌。如此这般很容易形成恶性循环，甚至造成很严重的后果。

有一个这样的故事，青蛙王国的国王要为女儿选纳贤良，要求就是组织一场攀爬比赛，第一个爬到塔顶的青蛙就会得到貌美如花的青蛙公主。

因此，群蛙纷纷报名，场面甚是热闹。

这是一个非常高的铁塔，仰头都看不到它的顶端，仿佛直插云霄一样，看一眼就让人感觉头晕目眩，比赛还没开始，就有一些青蛙临时退出了比赛。

比赛开始了，围观的群蛙纷纷议论着，它们认为爬塔的难度太高，不可能成功。

这座铁塔的确很难爬，又陡又滑，一不小心就会丧命，再加上群蛙们不停地议论，所以，青蛙们一只接一只地开始泄气退出了，仅有情绪高涨的几只还在往上爬。

群蛙继续喊着太难了，不可能爬上塔顶的，会丧命，赶紧下来。

就这样，越来越多的青蛙退出了比赛。

最后，几乎所有青蛙都退出了比赛，仅有一只还在越爬越高，一点没有放弃的意思。终于，它成为唯一一只到达塔顶的胜利者。

它哪来的那么大的毅力爬完全程呢？难道它不知道爬塔很危险吗？难道它没听到塔下群蛙的议论吗？

大家议论纷纷，胜利者却置若罔闻。

这时大家才发现，这只抱得美人归的青蛙原来是个聋子。

故事中的聋子青蛙之所以能够坚持到最后，就是因为它没有被周围的恐慌气氛所影响，保持着冷静的态度，这就说明，其实大部分时候，我们所面临的处境并没有那么可怕，但是不冷静的流言却放大了恐惧，使我们总是生活在恐慌之中，由此可见冷静是多么可贵的品质。

那么，当我们在生活中遇到难题的时候，该如何保持冷静、克服内心时常产生的烦恼情绪呢？下面提供几条比较实用的建议：

(1) 冷静防火墙一——"想法灭火"

你会心生不满，是因为你对身处的状况做出了不利于自己的评价。例如："他迟到那么久，根本就是不在乎我！"或者会认为："他是故意伤害我的感情！"这么一想，你当然怒不可遏，心情立刻愤愤不平。

在这个"动念发火"的当下，只要能多一分自我觉察的功力，在心中与自己作辩论："且慢，这个解释真是唯一正确的答案吗？"于是你心中便会产生其他的想法来作解释："也许他是不得已才迟到的！""恐怕是我错怪了他！"这样就能成功发挥第一道防火墙的灭火功能而不致失去理智。要建筑坚固有力的"防火墙"，你必须拥有良好的自觉能力以及具备同理心和善意解读世界的能力。

(2) 冷静防火墙二——"冲动灭火"

万一第一道防火墙被突破，你没来得及拦截住心中负面的情绪，这时就会产生一些冲动的念头："我就要给你点颜色瞧瞧！""我豁出去了，不让你难受，我誓不罢休！"多年演讲和听众互动的经验告诉我们，即使再温柔和善的情商高手也曾有过不理性的冲动念头、"我真想打人！"

这个蠢蠢欲动的当下，如果"灭火"得当，就能避免悲剧的产生。怎么做呢？建议你跟自己的心对话："再等一下就好。"然后开始进行"数数法"，在心里如此默数："1、4、7、10、13……"以此活络大脑的理性中枢，而其他的理性想法也就能跟着出现："等等，这么做并不能真正解决问题。"因此能悬崖勒马，不致冲动行事。

人总是太容易生气。遇到不如意的人、事，心中便生出怨恨而气恼，因为气恼，所以我们的人生变得怨气冲天、毫无乐趣。在面对责难和不幸时，能够保持冷静是成功者的美德。

（3）冷静防火墙三——"行动灭火"

万一发现前两道防火墙也失效，于是你发觉自己开始恶言恶语，甚至不动手动脚起来，这时虽然你已经开始非理性的行动，只要不放弃，你仍然是能够冷静的。例如，一旦意识到自己的言行失态，就要考虑到自己的格调（这实在不像我！）以及对方所受的身心创伤（天哪，他会被我打伤！），就能立即停止动作，避免造成更进一步的伤害，这样就能为行动灭火而逐渐冷静下来。

抓狂，是需要冲破三道防火墙的，只要你做好情绪的"消防检查"，了解自己哪一道防火墙仍待加强，多加练习后，就能为激情灭火，平心静气而冷静自在，获得幸福与快乐的人生。

耐心，是治愈浮躁的法宝

人们总是在奇迹发生前五分钟便停止努力。

自制力的另一个方面是耐心。想成功，就必须有等待的耐心。毕竟刚付出努力就能立刻出结果的美事太少了，期望和得到之间往往隔着漫长的距离。

在这个飞速发展的社会，许多人追求的都是快速回报。现今，大多数的人们是看着电视、吃着快餐长大的，他们用信用卡购物，喜欢超前消费，其中许多人都没有自制力和自我约束力去等待姗姗来迟的成功回报。他们处心积虑地想找出一条一举成功的捷径，但这样的可能性太小了，他们往往缺乏耐心、急于求成，结果陷入了失败的陷阱。

三只小猪的选择和任务是一样的：给自己建房，建一个能长久居住的地方。决定用稻草盖房的小猪最容易找到材料，因此房子也最先盖起来。选择用木头盖房的小猪花了更长的时间，费了更多的劲儿：盖房之前，还要先砍木头。选择用砖盖房的小猪更麻烦：它要造砖窑，点火、烧砖，它盖房子用的时间最长，但房子也最结实。

一次偶然事故，让它们住到了砖房子里。大灰狼吹几口气就把稻草房和木头房子吹倒了，然而现在，它可没办法了，三只小猪在砖房里感觉很安全。

那两只小猪之所以失去房子，是因为它们不够自制，不去盖最好的房子，只想快快完事、快快享受。

然而，那只盖砖房的小猪跟大灰狼较上了劲儿，跟往常一样，它坐在火炉边拨着火，很冷静，也很自制。它知道，狼要是控制不住自己就会毁灭。大灰狼由于推不倒砖房而沮丧万分，于是失去了自制。为了最后拼一把，它从烟囱里跳了下去，却掉进了盛满沸水的大缸里死掉了。

这个寓言的主题是耐心。它告诉我们，先见之明、耐心和自制力也许不能让大灰狼不来窥探你，但有了它们，当大灰狼出现时，你就能更好地保护自己。那个盖砖房的小猪有耐心、能自律，它不仅是在盖一座房子，同时还是在磨炼自己的自制力。它为赢得最后的决战做好了准备，结果狼不但没有吃到小猪，反而丢掉了性命。

用你的意志力、耐心和先见之明来缔造成功。打下一个坚固的基础，就像盖砖房一样，想一蹴而就是行不通的。快速致富计划就像盖稻草房，盖得快，毁得也快。真正的成功——得到生命中对自己最重要的东西是需要时间的。因此，我们需放眼看看前方，给自己充足的时间去成功。

有研究发现，要想一夜成名，必须得先苦干15年。然而，人们总是在奇迹发生前五分钟便停止努力。当你回首往事时，是否会有这样的感慨：如果当初没有放弃，多坚持几分钟该多好？你是否曾这样问自己："要是我当初多一点自制力，不就挺过去了吗？"你是否会因为当初缺乏耐心而后悔？如果你再坚持一下，是不是就实现了梦想？

真正的成功是需要时间的，不是一夜之间就能万事大吉的。你得像爬楼梯那样一步一步来，不可能像乘电梯一样瞬间直升。成功的路上没有电梯，我们只能一步一步走。在人生的旅途中，耐心最为关键，它是治愈浮躁的法宝，是实现成功的心灵妙药。